Andreas Büchter • Marcel Klinger • Frank Osterbrink

#Mathebuddy – Dein Update für Studium und Beruf

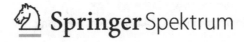

Andreas Büchter
Fakultät für Mathematik
Universität Duisburg-Essen
Essen, Deutschland

Marcel Klinger
Fakultät für Mathematik
Universität Duisburg-Essen
Essen, Deutschland

Frank Osterbrink
Fakultät für Mathematik
Universität Duisburg-Essen
Essen, Deutschland

Das Buch erscheint in der Reihe:
Erfolgreich starten – Mathe-Arbeitsbücher für Studium und Beruf
Herausgegeben von Prof. Dr. Andreas Büchter, Universität Duisburg-Essen

ISBN 978-3-662-59437-7
https://doi.org/10.1007/978-3-662-59438-4

ISBN 978-3-662-59438-4 (eBook)

Die Deutsche Nationalbibliothek verzeichnet diese Publikation in der Deutschen Nationalbibliografie; detaillierte
bibliografische Daten sind im Internet über http://dnb.d-nb.de abrufbar.

Planung/Lektorat: Andreas Rüdinger
Einbandabbildung: deblik Berlin
Icons: www.flaticon.com

Springer Spektrum ist ein Imprint der eingetragenen Gesellschaft Springer-Verlag GmbH, DE und ist ein Teil
von Springer Nature.
Die Anschrift der Gesellschaft ist: Heidelberger Platz 3, 14197 Berlin, Germany

Auf geht's – mit deinem #Mathebuddy!

Dein #Mathebuddy ist der Booster für die Vorbereitung auf Studium oder Beruf. Entscheidend ist, dass du selbst aktiv wirst, über Erklärungen und Aufgaben nachdenkst und am Ball bleibst.

Welche wiederkehrenden Bausteine wir im #Mathebuddy nutzen und wie sie dich unterstützen, erfährst du im Einstiegsvideo.

Immer an deiner Seite – dein Loesungsbuddy.de

„Ohne Fleiß, kein Preis!" Damit du aktiv sein kannst, haben wir Übungsaufgaben gestellt und Platz für die Bearbeitung gelassen. Zur Kontrolle kannst du deine Lösungen mit Beispiellösungen vergleichen, die wir unter Loesungsbuddy.de für dich hinterlegt haben.

Dort findest du auch weitere Informationen und Materialien rund um deinen #Mathebuddy.

Deine Fitnesstests – zum Ein- und Ausstieg

Unter Loesungsbuddy.de findest du auch einen Ein- und Ausstiegstest zur Selbsteinschätzung:

- *Wo möchtest du dich verbessern?*
- *Was hast du gelernt?*

Fragen? Anregungen? Kritik? Poste deine Rückmeldungen und tausch dich mit anderen aus unter #Mathebuddy,

Andreas, Frank und Marcel

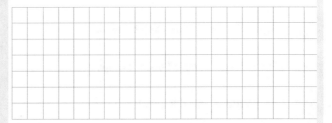

Aufgabe 3: Die Normalparabel mit der Gleichung $f(x) = x^2$ Einheiten nach unten verschoben und um drei Einheiten na Sie eine Funktionsgleichung für die neue quadratische Funkt

Aufgabe 4: Bestimmen Sie alle Lösungen der folgenden Gleichur

2 Inhaltsverzeichnis

Rechtliche Hinweise

Die im Buch verwendeten Icons stammen von http://www.flaticon.com und sind frei verwendbar. Der jeweilige Urheber ist direkt neben dem entsprechenden Icon genannt.

 „DinoSoftLabs" für den Kapitelinhalt

 „Prosymbols" für Fragen

 „Smashicons" für die Concept Maps

 „Freepik" für Fehlerwissen

 „PixelBuddha" für das Einstiegsbeispiel

 „Freepik" für Definitionen

 „Vectors Market" für Ideen/Hinweise

In diesem Kapitel lernst du,

- *den Zusammenhang zwischen Brüchen und Quotienten.*
- *was gemischte Zahlen eigentlich sind.*
- *wie man mit Brüchen arbeitet.*
  - *Kürzen und Erweitern*
  - *Vergleichen von Brüchen*
  - *Addition und Subtraktion*
  - *Multiplikation Division und Potenzen*
- *das Umwandeln von Dezimalzahlen in Brüche.*

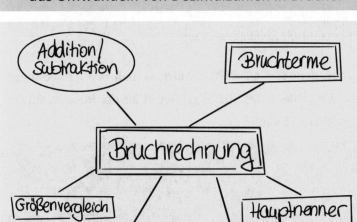

Beispielaufgaben aus diesem Kapitel

1. Welche der nachfolgenden Zahlen ist die größte?

   (a) $\dfrac{1}{3}, \dfrac{3}{2}, \dfrac{1}{4}, \dfrac{5}{8}$ (b) $\dfrac{11}{8}, \dfrac{7}{12}, \dfrac{8}{9}, \dfrac{1}{6}$

2. Beantworte folgende Fragen:

   (a) Eine $\dfrac{3}{4}$ l-Flasche ist noch zu einem Drittel gefüllt. Wieviel ml sind also in der Flasche?

   (b) Wenn man 2,5 Liter Wasser mit einer Temperatur von 27 °C zu einem Liter mit 12,5 °C gibt, welche Temperatur hat dann die Mischung?

   (c) Was passiert, wenn wir den Nenner eines gegebenen Bruchs vergrößern?

3. Berechne:

   (a) $15^2 \cdot \left(-\dfrac{2}{5} + \left(-\dfrac{4}{3 \cdot 5^2}\right)\right)^2$ (b) $\dfrac{\frac{3}{7}+2}{4} - \dfrac{5}{6} \cdot \left(\dfrac{4}{3}\right)^{-1} + 3\dfrac{1}{2}$

$$\frac{3}{4} \leftarrow \text{ZÄHLER}$$
$$\leftarrow \text{BRUCHSTRICH}$$
$$\leftarrow \text{NENNER}$$

Zur Erinnerung: Im Alltag nutzen wir Brüche häufig, um ein Verhältnis zwischen zwei Größen zu beschreiben. Teilen wir etwa einen Meterstab in acht gleich große Teile, so entspricht jedes Stück einem „Achtel" eines Meters oder in Kurzschreibweise: 1/8 m. Wir können mit Brüchen also Anteile an einem Ganzen darstellen. Brüche liefern aber noch mehr; sie hängen nämlich eng mit der Division zusammen. Sollen etwa zwei Pizzen gerecht an drei hungrige Personen verteilt werden, müssen die Pizzen in je drei Stücke geschnitten werden. Jede Person erhält dann zwei Stücke, also zwei „Drittel" einer ganzen Pizza.

Der Quotient zweier ganzer Zahlen a und b ist das Gleiche wie der Bruch $\frac{a}{b}$. Es gibt absolut keinen Unterschied. Entsprechend muss der Nenner eines Bruches daher auch stets von Null verschieden sein.

$$2 : 3 = \frac{2}{3}$$

Auch jede ganze Zahl kann als Bruch dargestellt werden, denn schließlich ist beispielsweise $5 = 5 : 1$ und somit $5 = \frac{5}{1}$. Insbesondere kann es also vorkommen, dass der Zähler eines Bruchs größer ist als der Nenner. Solche „unechten Brüche" schreibt man häufig auch als „gemischte Zahlen".

Betrachten wir als einfaches Beispiel den Bruch

$$\frac{7}{4} = 7 : 4$$

Führen wir die geforderte Division tatsächlich durch, erhalten wir : $\qquad 7 : 4 = 1 \text{ Rest } 3$

Dieser Rest müsste jetzt ebenfalls noch durch drei geteilt werden. Wir können den Bruch also als Summe aus einer ganzen Zahl und einem Bruch schreiben :

$$\frac{7}{4} = 1 + \frac{3}{4} = 1\frac{3}{4}$$

Kürzen und Erweitern

Brüche lassen sich beliebig „erweitern", das heißt, multiplizieren wir Zähler und Nenner eines gegebenen Bruches mit *derselben* (von Null verschiedenen) Zahl, so **ändert sich der Wert** des Bruchs **nicht**.

$$\frac{3}{4} = \frac{3 \cdot 3}{4 \cdot 3} = \frac{9}{12} \qquad -\frac{1}{2} = \frac{-1}{2} = \frac{-1 \cdot (-2)}{2 \cdot (-2)} = \frac{2}{-4} \qquad 3 = \frac{3}{1} = \frac{3 \cdot 2}{1 \cdot 2} = \frac{6}{2}$$

Wir können aber auch gemeinsame Faktoren „kürzen", das heißt Zähler und Nenner durch dieselbe Zahl dividieren. Auch dabei **ändert sich der Wert nicht**.

$$\frac{12}{8} = \frac{4 \cdot 3}{4 \cdot 2} = \frac{3}{2} \qquad -\frac{27}{54} = -\frac{3 \cdot 9}{3 \cdot 18} = -\frac{9}{18} = -\frac{1 \cdot 9}{2 \cdot 9} = \frac{1}{2} \qquad \frac{216}{180} = \frac{6 \cdot 36}{5 \cdot 36} = \frac{6}{5}$$

Möchten wir ein negatives Vorzeichen in einen Bruch hineinziehen, so ziehen wir es in den Zähler oder in den Nenner, nicht aber in beide.

$$-\frac{3}{4} \neq \frac{-3}{-4} \qquad -\frac{3}{4} = \frac{-3}{4} \checkmark$$

1. Erweitere die folgenden Brüche mit 3, 5, 9 und 12.

(a) $\frac{1}{5}$ (b) $\frac{3}{7}$ (c) $-\frac{7}{15}$ (d) $\frac{5}{11}$ (e) $\frac{13}{19}$

2. Kürze soweit wie möglich.

(a) $\frac{18}{24}$ (b) $-\frac{38}{54}$ (c) $-\frac{16}{20}$ (d) $\frac{42}{63}$ (e) $\frac{96}{288}$

3. Jeweils zwei der folgenden Brüche stimmen überein. Ordne jeweils zu.

$3\frac{6}{9}$ $-\frac{125}{50}$ $\frac{65}{169}$ $-\frac{5}{4}$ $\frac{10}{-8}$ $\frac{-5}{-26}$

$\frac{15}{9}$ $1\frac{4}{6}$ $-\frac{21}{14}$ $-2\frac{1}{2}$ $\frac{22}{6}$ $\frac{-36}{24}$

Vergleichen von Brüchen

Anders als bei ganzen Zahlen, ist bei Brüchen auf Anhieb nicht zu erkennen, ob ein Bruch größer oder kleiner als ein anderer ist.

Zum Vergleich zweier Brüche erweitern oder kürzen wir die beiden bis ihre Nenner positiv sind und übereinstimmen. Der Bruch mit dem kleineren Zähler hat auch den kleineren Wert. Stimmen beide Zähler überein, so sind die Brüche gleich.

Beispiel:

Da

$$\frac{3}{5} = \frac{3 \cdot 7}{5 \cdot 7} = \frac{21}{35} \quad \text{und} \quad \frac{4}{7} = \frac{4 \cdot 5}{7 \cdot 5} = \frac{20}{35}$$

ist

$$\frac{3}{5} \quad \text{größer als} \quad \frac{4}{7}.$$

Addition und Subtraktion

Um Brüche zu addieren bzw. zu subtrahieren, bringen wir die Brüche durch Kürzen oder Erweitern zunächst auf einen gemeinsamen Nenner, den sogenannten „Hauptnenner". Anschließend werden dann die Zähler addiert bzw. subtrahiert und der Nenner einfach übernommen.

$$\frac{3}{7} + \frac{8}{28}$$

Wir kürzen den zweiten Bruch mit 4:

$$\frac{3}{7} + \frac{8}{28} = \frac{3}{7} + \frac{2 \cdot 4}{7 \cdot 4} = \frac{3}{7} + \frac{2}{7} = \frac{3+2}{7} = \frac{5}{7}$$

$$\frac{5}{6} - \frac{5}{12}$$

Wir erweitern den ersten Bruch mit 2:

$$\frac{5}{6} - \frac{5}{12} = \frac{5 \cdot 2}{6 \cdot 2} - \frac{5}{12} = \frac{10}{12} - \frac{5}{12} = \frac{5}{12}$$

Für die Addition und Subtraktion von Brüchen gelten die üblichen Rechengesetze:

➤ **Kommutativgesetz:** Bei der Addition dürfen die einzelnen Summanden vertauscht werden. **Für die Subtraktion gilt das im Allgemeinen nicht.**

➤ **Assoziativgesetz:** Bei der Addition und auch der Subtraktion von mehr als zwei Summanden können die Summenglieder beliebig durch Klammern gruppiert werden. **Das gilt nicht, wenn Addition und Subtraktion gemischt auftreten.**

Aufgabe: Berechne

$$\frac{1}{5} + \frac{2}{7} + \frac{12}{15}$$

Lösung:

$$\frac{1}{5} + \frac{2}{7} + \frac{12}{15} = \frac{1}{5} + \frac{4}{5} + \frac{2}{7}$$

$$= \left(\frac{1}{5} + \frac{4}{5} \right) + \frac{2}{7} = \frac{5}{5} + \frac{2}{7}$$

$$= 1 + \frac{2}{7} = \frac{9}{7}$$

Zunächst kürzen wir den dritten Summanden mit 3 und vertauschen diesen anschließend mit dem zweiten Summanden:

$$\frac{1}{5} + \frac{2}{7} + \frac{12}{15} = \frac{1}{5} + \frac{2}{7} + \frac{4}{5} = \frac{1}{5} + \frac{4}{5} + \frac{2}{7}.$$

Dann klammern, d. h. verrechnen wir die ersten beiden Brüche und führen schließlich die verbliebene Addition aus.

1. Ordne die Brüche der Größe nach – von klein zu groß.

(a) $\dfrac{1}{8}$, $\dfrac{3}{4}$, $\dfrac{4}{5}$

(b) $-\dfrac{7}{12}$, $\dfrac{2}{3}$, $-\dfrac{3}{5}$, $\dfrac{5}{9}$

2. Berechne das Ergebnis und kürze soweit wie möglich.

(a) $\dfrac{2}{5}+\dfrac{3}{10}$

(b) $\dfrac{11}{10}-\dfrac{3}{8}$

(c) $\dfrac{6}{7}+\dfrac{3}{4}$

3. Berechne das Ergebnis und schreibe es als gemischte Zahl.

(a) $3+\dfrac{2}{5}-\dfrac{1}{15}$

(b) $-\dfrac{7}{2}-\dfrac{2}{3}+\dfrac{3}{8}$

(c) $\dfrac{2}{5}-\dfrac{1}{9}+\dfrac{5}{3}$

Multiplikation und Division

Anders als bei der Addition (Subtraktion) ist bei der Multiplikation (Division) kein Hauptnenner nötig. Für das Produkt gilt nämlich die einfache Formel: *Zähler mal Zähler* und *Nenner mal Nenner*.

$$\frac{2}{5}\cdot\frac{4}{3}=\frac{2\cdot 4}{5\cdot 3}=\frac{8}{15} \qquad -\frac{3}{7}\cdot\frac{1}{4}=-\frac{3\cdot 1}{7\cdot 4}=-\frac{3}{28} \qquad 3\cdot\frac{4}{9}=\frac{3}{1}\cdot\frac{4}{9}=\frac{3\cdot 4}{1\cdot 9}=\frac{12}{9}=\frac{4}{3}$$

Die Division ist auch nicht viel schwieriger; wir müssen lediglich mit dem *Kehrwert* multiplizieren. Dabei ist der „Kehrwert" eines Bruches gerade der Bruch, in dem Zähler und Nenner vertauscht wurden.

$$\frac{3}{7}:\frac{9}{4}=\frac{3}{7}\cdot\frac{4}{9}=\frac{3\cdot 4}{7\cdot 9}=\frac{12}{63}=\frac{4}{21} \qquad 3:\frac{4}{5}=\frac{3}{1}\cdot\frac{5}{4}=\frac{3\cdot 5}{1\cdot 4}=\frac{15}{4}=3\frac{3}{4}$$

Beachte, dass das Produkt eines Bruches mit seinem Kehrwert immer genau eins ergibt:

$$\frac{2}{3}\cdot\frac{3}{2}=\frac{2\cdot 3}{3\cdot 2}=\frac{6}{6}=1 \qquad \frac{4}{5}\cdot\frac{5}{4}=\frac{4\cdot 5}{5\cdot 4}=\frac{20}{20}=1 \qquad \frac{7}{2}\cdot\frac{2}{7}=\frac{7\cdot 2}{2\cdot 7}=\frac{14}{14}=1 \quad \text{usw.}$$

Bedenkt man, dass jede Division einem Bruch entspricht, können wir nun auch Brüche mit mehr als einem Bruchstrich bauen. Diese sogenannten „Mehrfachbrüche" sehen kompliziert aus, sind aber mit dem bisher Gelernten durchaus zu bewältigen.

Aufgabe: Berechne

$$(a) \ \frac{\frac{3}{4}}{5}, \quad (b) \ \frac{7}{\frac{12}{\frac{1}{3}}}$$

Lösung:

$$(a) \ \frac{\frac{3}{4}}{5}=\frac{3}{4}:5=\frac{3}{4}:\frac{5}{1}=\frac{3}{4}\cdot\frac{1}{5}=\frac{3\cdot 1}{4\cdot 5}=\frac{3}{20}$$

$$(b) \ \frac{\frac{7}{12}}{\frac{1}{3}}=\frac{7}{12}:\frac{1}{3}=\frac{7}{12}\cdot\frac{3}{1}=\frac{7\cdot 3}{12\cdot 1}=\frac{21}{12}=\frac{7}{4}$$

Auch für die Multiplikation von Brüchen gelten die üblichen Rechengesetze:

> **Kommutativgesetz:** Wir dürfen Faktoren beliebig vertauschen. Bsp: $\frac{2}{3}\cdot\frac{3}{4}=\frac{3}{4}\cdot\frac{2}{3}$

> **Assoziativgesetz:** Werden mehr als zwei Brüche multipliziert, dürfen wir die Faktoren beliebig gruppieren. Bsp: $\frac{1}{5}\cdot\left(\frac{3}{7}\cdot\frac{4}{3}\right)=\left(\frac{1}{5}\cdot\frac{3}{7}\right)\cdot\frac{4}{3}=\frac{1}{5}\cdot\frac{3}{7}\cdot\frac{4}{3}$

> **Distributivgesetz:** Multiplizieren wir einen Bruch mit einer Summe oder einer Differenz von Brüchen, so kann zunächst auch jeder Summand mit dem Bruch multipliziert und anschließend die Ergebnisse addiert werden, d. h. $\frac{a}{b}\cdot\left(\frac{x}{y}+\frac{u}{v}\right)=\frac{a}{b}\cdot\frac{x}{y}+\frac{a}{b}\cdot\frac{u}{v}$

Für die Division gelten diese Regeln im Allgemeinen nicht.

Mit dem Distributivgesetz erhalten wir

$$\frac{3}{5}\cdot\left(\frac{4}{7}+\frac{1}{2}\right)=\frac{3}{5}\cdot\frac{4}{7}+\frac{3}{5}\cdot\frac{1}{2}=\frac{12}{35}+\frac{3}{10}=\frac{9}{14} \qquad \frac{6}{7}\cdot\left(\frac{7}{3}-\frac{1}{2}\right)=\frac{6}{7}\cdot\frac{7}{3}-\frac{6}{7}\cdot\frac{1}{2}=\frac{42}{21}-\frac{3}{7}=1\frac{4}{7}$$

1. Berechne und kürze gegebenenfalls.

(a) $\dfrac{2}{3} \cdot \dfrac{1}{5}$ (b) $\dfrac{5}{8} \cdot \dfrac{2}{15}$ (c) $\dfrac{3}{7} \cdot \dfrac{14}{9} \cdot \dfrac{6}{5}$

2. Berechne das Ergebnis und kürze soweit wie möglich.

(a) $\dfrac{10}{9} : 5$ (b) $\dfrac{24}{21} : \dfrac{3}{14}$ (c) $\left(\dfrac{13}{35} : \dfrac{8}{15} \right) \cdot \dfrac{7}{3}$

3. Berechne das Ergebnis mit dem Distributivgesetz. Prüfe anschließend deine Lösung indem du zunächst die Addition/Subtraktion ausführst und danach multiplizierst.

(a) $\left(\dfrac{3}{8} - \dfrac{1}{3} \right) \cdot \dfrac{6}{5}$ (b) $\left(1 + \dfrac{1}{4} \right) \cdot \left(\dfrac{3}{5} - \dfrac{1}{3} \right)$

Potenzieren von Brüchen

Können wir Brüche multiplizieren, liegt es nahe, sich auch Gedanken über das Potenzieren von Brüchen zu machen. Natürlich lassen sich einfache Potenzen „zu Fuß" ausrechnen wie etwa

$$\left(\frac{3}{7}\right)^2 = \frac{3}{7} \cdot \frac{3}{7} = \frac{3 \cdot 3}{7 \cdot 7} = \frac{9}{49}, \qquad \left(\frac{2}{5}\right)^3 = \frac{2}{5} \cdot \frac{2}{5} \cdot \frac{2}{5} = \frac{2 \cdot 2 \cdot 2}{5 \cdot 5 \cdot 5} = \frac{8}{125} \qquad usw.$$

Für negative Exponenten benötigt man schon Potenzgesetze bzw. muss wissen, dass $a^{-1} = \frac{1}{a}$ ist. Auf Brüche übertragen bedeutet das gerade, dass ein negativer Exponent zum Vertauschen von Zähler und Nenner führt.

$$\left(\frac{3}{4}\right)^{-2} = \left(\frac{4}{3}\right)^2, \qquad \left(\frac{2}{7}\right)^3 = \left(\frac{7}{2}\right)^{-3}, \qquad \left(\frac{1}{5}\right)^{-1} = \left(\frac{5}{1}\right)^1 = \frac{5}{1} = 5, \qquad \left(-\frac{5}{6}\right)^3 = \left(-\frac{6}{5}\right)^{-3}.$$

Ein Vertauschen von Zähler und Nenner dreht das Vorzeichen im Exponenten um, d. h.

$$\left(\frac{a}{b}\right)^n = \frac{a^n}{b^n} \quad \text{und} \quad \left(\frac{a}{b}\right)^{-n} = \left(\frac{b}{a}\right)^n.$$

Natürlich gelten für Brüche auch die bekannten Potenzgesetze (◎ Kapitel 4).

Da wir stets die **Punkt-vor-Strichrechnung** beachten müssen, haben Potenzen auch Vorrang vor Summen. Beachte also, dass

$$\left(\frac{1}{2}\right)^2 \times \left(\frac{3}{4}\right)^2 = \left(\frac{1}{2} + \frac{3}{4}\right)^2 = \left(\frac{2}{4} + \frac{3}{4}\right)^2 = \left(\frac{5}{4}\right)^2 = \frac{5^2}{4^2} = \frac{25}{16} \quad !$$

aber

$$\left(\frac{1}{2}\right)^2 + \left(\frac{3}{4}\right)^2 = \frac{1^2}{2^2} + \frac{3^2}{4^2} = \frac{1}{4} + \frac{9}{16} = \frac{4}{16} + \frac{9}{16} = \frac{13}{16} \quad \checkmark$$

Brüche und Dezimalzahlen

Jeder Bruch lässt sich als Dezimalzahl schreiben und umgekehrt lässt sich auch jede endliche oder zumindest periodische Dezimalzahl in einen Bruch umwandeln. Letzteres ist bei Rechenaufgaben häufig hilfreich.

$$\text{Mit } 1{,}25 = \frac{5}{4} \text{ ist } 1{,}25^3 = \left(\frac{5}{4}\right)^3 = \frac{5^3}{4^3} = \frac{125}{64}.$$

Wie aber kommt man von einer endlichen Dezimalzahl zu einem Bruch? Dazu zählst du zunächst die Stellen hinter dem Komma, schreibst in den Nenner eine 1 mit entsprechend vielen Nullen und in den Zähler die Dezimalzahl ohne das Komma (◎Warum?)

Da 0,75 zwei Nachkommastellen hat, ist

$$0{,}75 = \frac{75}{100} = \frac{3 \cdot 25}{4 \cdot 25} = \frac{3}{4}.$$

3,244 hat drei Nachkommastellen, also:

$$3{,}244 = \frac{3244}{1000} = \frac{811 \cdot 4}{250 \cdot 4} = \frac{811}{250}.$$

1. Berechne.

(a) $\left(\dfrac{4}{5}\right)^2$ (b) $\left(\dfrac{8}{3}\right)^{-1}$ (c) $\left(-\dfrac{5}{2}\right)^3$

2. Schreibe als Dezimalzahl.

(a) $\left(\dfrac{2}{5}\right)^{-1} - \dfrac{7}{4}$ (b) $\dfrac{2}{9} + 1{,}7$ (c) $\left(\dfrac{6}{8}\right)^3 - 0{,}625^2$

4. Jeweils zwei der folgenden Zahlen stimmen überein. Ordne jeweils zu.

$3\dfrac{3}{5}$ $-\dfrac{11}{5}$ $\dfrac{31}{25}$ $\dfrac{1}{4}$ $3{,}6$ $\dfrac{-13}{9}$ $1{,}24$ $\dfrac{-36}{24}$ $0{,}16$ $-2{,}2$

$0{,}25$ $-1{,}4$ $\dfrac{4}{25}$ $-1{,}5$

Übungsmix

1. Fasse zusammen.

(a) $\left(\dfrac{3+4}{2}-\dfrac{2}{5}\right)\cdot 6$

(b) $\dfrac{\frac{3}{7}+2}{4}-\dfrac{5}{6}\cdot\left(\dfrac{4}{3}\right)^{-1}+3\dfrac{1}{2}$

(c) $\left(3\dfrac{3}{4}-1\dfrac{2}{5}\right):0{,}25+1{,}4\cdot\dfrac{1\frac{1}{5}-0{,}6}{1+0{,}\overline{6}}$

(d) $15^2\cdot\left(-\dfrac{2}{5}+\left(-\dfrac{4}{15}\right)\right)^4-\left(14\cdot\dfrac{1}{7\cdot 3^2}+\dfrac{290}{9}\right)$

2. Ordne die nachfolgenden Zahlen der Größe nach, von klein zu groß:

(a) $\dfrac{11}{8},\ \dfrac{7}{12},\ \dfrac{8}{9},\ \dfrac{1}{6}$

(b) $\left(\dfrac{1}{3}\right)^{-2},\ \dfrac{3}{2},\ 0{,}25,\ \dfrac{5}{8}$

(c) $1{,}1^2,\ 1{,}\overline{29},\ \dfrac{35}{30},\ \dfrac{10}{8}$

3. Beantworte folgende Fragen.

(a) Eine $\dfrac{3}{4}$ l-Flasche ist noch zu einem Drittel gefüllt. Wieviel ml sind also in der Flasche?

(b) Wenn man 2,5 Liter Wasser mit einer Temperatur von 27 °C zu einem Liter mit 12,5 °C gibt, welche Temperatur hat dann die Mischung?

(c) Was passiert, wenn wir den Nenner eines gegebenen Bruchs vergrößern?

(d) Du kaufst 1,25 kg Rinderhack und $1\dfrac{1}{4}$ kg Schweinehack, um Burger-Patties à 150 g zu machen.
Wie viele Patties kannst du mit dieser Menge formen, wenn jeder Patty jeweils zu gleichen Teilen aus Rinderhack und Schweinehack bestehen soll?

4. Der Cocktail „Island of Passion"
Rechts findest du das Rezept für einen fruchtig-leckeren Cocktail. Rechne die Anteile um und bestimme wieviel Milliliter bzw. Gramm der jeweiligen Zutaten du benötigst, um ein 300 ml Glas zu füllen.

Das Rezept ist übrigens echt und vielleicht ein guter Einstieg in den Feierabend …

Island of Passion

3cl Rum (weiß)

2cl Kokoslikör

2cl Maracujalikör

8cl Orangensaft

8cl Ananassaft

Alle Zutaten mit Eiswürfeln shaken und durch ein Barsieb in ein Fancyglas abseihen

In diesem Kapitel lernst du,

- *Grundbegriff der Prozent- und Zinsrechnung kennen.*
- *Anteile in Prozent anzugeben.*
- *Prozentangaben in Brüche umzuwandeln.*
- *die Grundaufgaben der Prozentrechnung zu bearbeiten:*
    - *den Prozentwert bestimmen,*
    - *den Grundwert bestimmen,*
    - *den Prozentsatz bestimmen.*
- *prozentuale Veränderungen zu berechnen.*
- *typische Aufgaben der Zins- und Zinseszinsrechnung zu bearbeiten.*

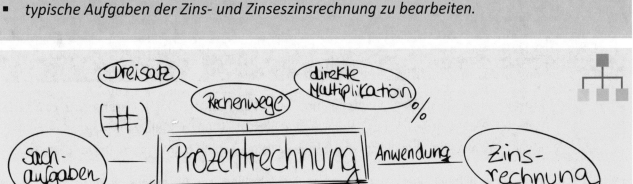

Beispielaufgaben aus diesem Kapitel

1. Berechne die fehlenden Werte.

Grundwert	80	152		0,016	2,125	
Prozentsatz	62,5 %		30 %	75%		45 %
Prozentwert		66,5	316,5		0,425	0,432

2. Wenn man die Ware in einem Geschäft bar bezahlt, erhält man 3 % Rabatt. Welchen Preis hat eine Ware, wenn der Rabatt 3,99 € beträgt?

3. Der Kurs einer Aktie stieg in drei aufeinanderfolgenden Jahren jeweils um 20 %. Um wie viel Prozent ist der Kurs in den drei Jahren insgesamt gestiegen?

4. Ein Möbelgeschäft wirbt damit, dass man die Möbel direkt mitnehmen kann, aber erst ein Jahr später zahlen muss. Dafür verlangt das Möbelgeschäft dann allerdings Schuldzinsen. Wer z. B. ein Ledersofa für 1190,00 € kauft, musst ein Jahr später 1272,11 € bezahlen.
Welchen Zinssatz legt das Möbelgeschäft zugrunde?

Anteile in Prozent darstellen

Wenn man Anteile miteinander vergleichen möchte, dann eignen sich die aus dem Alltag bekannten Prozentangaben gut. Dies gilt vor allem dann, wenn die Mengen, von denen Teile betrachtet werden, unterschiedlich groß sind.

In 0,3 l Bier sind 15 ml (reiner) Alkohol enthalten, in 0,1 l Wein 12 ml und in 2 cl Obstler 8 ml. Welchen Alkoholgehalt haben die Getränke?

Bier	15 ml	0,3 l = 300 ml	$\dfrac{15\text{ ml}}{300\text{ ml}} = \dfrac{5}{100} = 5\,\%$
Wein	12 ml	0,1 l = 100 ml	$\dfrac{12\text{ ml}}{100\text{ ml}} = \dfrac{25}{100} = 12\,\%$
Obstler	8 ml	2 cl = 20 ml	$\dfrac{8\text{ ml}}{20\text{ ml}} = \dfrac{40}{100} = 40\,\%$

Prozent kommt aus dem Lateinischen und heißt **von Hundert**. Damit lassen sich z. B. Anteile zwischen 0 und 1 im vertrauteren Bereich zwischen 0 und 100 darstellen: $0,5 = \dfrac{1}{2} = \dfrac{50}{100} = 50\%$. Möchte man in eine andere Schreibweise wechseln, versteht man Prozent als **Hundertstel**.

In vielen Situationen ist es hilfreich, wenn man zwischen den Schreibweisen für Anteile als Dezimalzahl, Bruch und Prozentangaben wechseln kann, z. B. wenn man mit dem Taschenrechner arbeiten möchte.

Gib die folgenden Anteile jeweils als Dezimalzahl, als Bruch und als Prozentangabe an: $0,02$, $\frac{3}{4}$, $15\,\%$, $1,1$, $\frac{21}{60}$, $12,5\,\%$.

0,02	0,75	0,15	1,1	0,35	0,125
$\dfrac{20}{100}$	$\dfrac{3}{4} = \dfrac{75}{100}$	$\dfrac{15}{100} = \dfrac{3}{20}$	$\dfrac{11}{10} = \dfrac{110}{100}$	$\dfrac{21}{60} = \dfrac{7}{20} = \dfrac{35}{100}$	$\dfrac{12,5}{100} = \dfrac{125}{1000} = \dfrac{1}{8}$
2 %	75 %	15 %	110 %	35 %	12,5 %

Ist der Bruch gegeben, kannst du auch mit der schriftlichen Division bzw. dem Taschenrechner zur Dezimalzahl und zur Prozentangabe wechseln:

$$\frac{28}{33} = 28 : 33 = 0,8484 \ldots \approx 84,8\,\%$$

Prozentangaben und die zugehörigen Größen in Sachaufgaben lassen sich gut mit sogenannten **Prozentstreifen** darstellen. Damit kannst du in den Aufgaben gut der Überblick behalten.

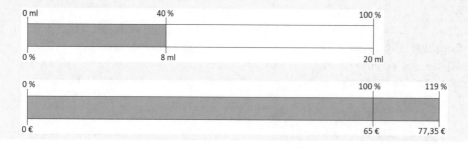

1. Schreibe die Brüche als Dezimalzahl und als Prozentangabe.

(a) $\frac{13}{20}$ (b) $\frac{5}{8}$ (c) $\frac{17}{10}$ (d) $\frac{15}{12}$ (e) $\frac{2}{3}$

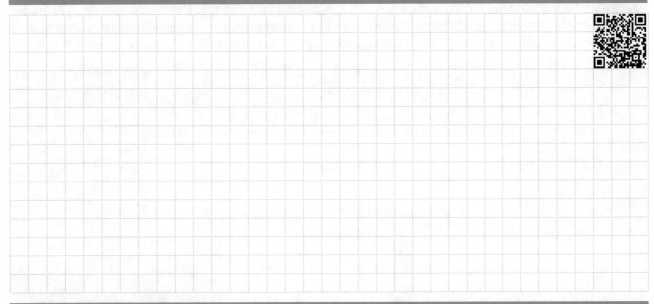

2. Schreibe die Prozentangaben als Bruch und kürze soweit wie möglich.

(a) 80 %   (b) 37,5 %   (c) 236 %   (d) 0,2 %

3. Ergänze die Beschriftung des Prozentstreifens.

0 %

45 €   60 €

Prozentwerte bestimmen

Von den Grundaufgaben der Prozentrechnung (*Prozentwert*, *Grundwert* oder *Prozentsatz* bestimmen) tritt am häufigsten die Bestimmung von Prozentwerten auf. Ausgangspunkte sind z. B. Informationen wie „420 Studierende haben die Klausur mitgeschrieben; davon haben 85 % bestanden". Für die Bestimmung des Prozentwerts (357 Studierende) gibt es unterschiedliche Lösungswege. Wir verdeutlichen dies an einem weiteren Beispiel.

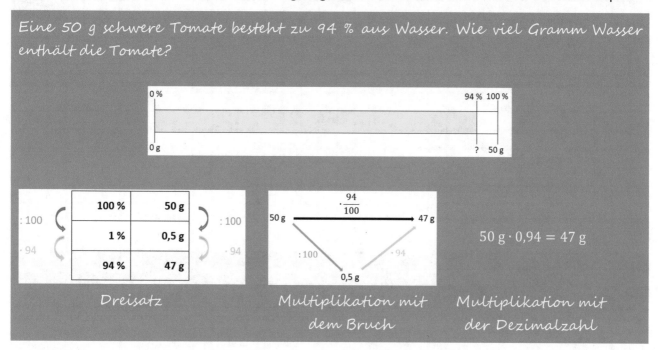

Eine 50 g schwere Tomate besteht zu 94 % aus Wasser. Wie viel Gramm Wasser enthält die Tomate?

Dreisatz

Multiplikation mit dem Bruch

Multiplikation mit der Dezimalzahl

$$50\,\text{g} \cdot 0{,}94 = 47\,\text{g}$$

Bei Situationen, in denen ein Teil (Wasser) eines Ganzen (Tomate) betrachtet wird, liegen die Prozentsätze zwischen 0 % und 100 %. Es gibt aber auch Situationen, bei denen der Prozentsatz mehr als 100 % beträgt.

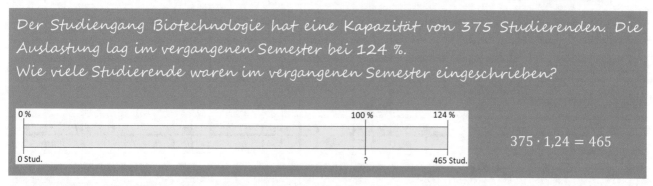

Der Studiengang Biotechnologie hat eine Kapazität von 375 Studierenden. Die Auslastung lag im vergangenen Semester bei 124 %.
Wie viele Studierende waren im vergangenen Semester eingeschrieben?

$$375 \cdot 1{,}24 = 465$$

Mit den obigen Beispielen lässt sich direkt die folgende Verallgemeinerung verstehen.

Bei der Prozentrechnung treten drei Größen auf, deren Beziehung sich durch die folgende Gleichung ausdrücken lässt: $\quad G \cdot p = W$;
dabei steht G für den **Grundwert**, p für den **Prozentsatz** und W für den **Prozentwert**.

Bei der Prozentrechnung ist entscheidend, welche Größe der Grundwert, welche Größe der Prozentsatz und welche Größe der Prozentwert ist. Eine geeignete Darstellung, z. B. ein Prozentstreifen, kann bei der Klärung helfen.

1. Berechne die Prozentwerte.

Grundwert (G)	140	56	655	19	0,96
Prozentsatz (p)	65 %	37,5 %	120 %	55 %	75 %
Prozentwert (W)					

2. In einer Vorlesung sitzen 320 Studierende. Davon studieren 55 % eine Naturwissenschaft, 32,5 % eine Ingenieurwissenschaft und der Rest Medizin. Wie viele Studierende sind für eine Naturwissenschaft eingeschrieben und wie viele Studierende für Medizin?

3. Ein Cocktailglas hat ein maximales Fassungsvermögen von 400 ml. Es ist zu 75 % mit einem Cocktail gefüllt, der einen Alkoholgehalt von 20 % hat. Wie viele Milliliter (reiner) Alkohol befinden sich in dem Glas?

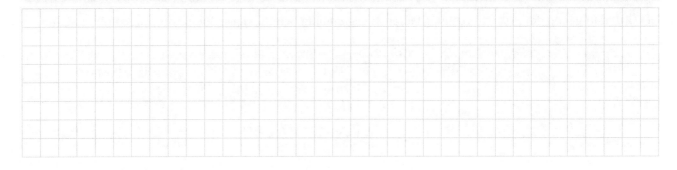

Grundwert oder Prozentsatz bestimmen

Die Bestimmung von Prozentwerten tritt zwar am häufigsten auf, man stößt aber immer wieder auch auf Situationen, in denen der Grundwert oder der Prozentsatz gesucht sind. Wir erklären das jeweilige Vorgehen wieder anhand des bereits bekannten Beispiels zum Wassergehalt einer Tomate. Von den drei Größen Grundwert (Gewicht der Tomate), Prozentsatz (Wassergehalt) und Prozentwert (Gewicht des Wassers) ist nun aber jeweils eine andere unbekannt. Wir beginnen mit der Bestimmung des Grundwerts, also dem Gewicht der Tomate, wenn der Wassergehalt und das Gewicht des Wassers bekannt sind.

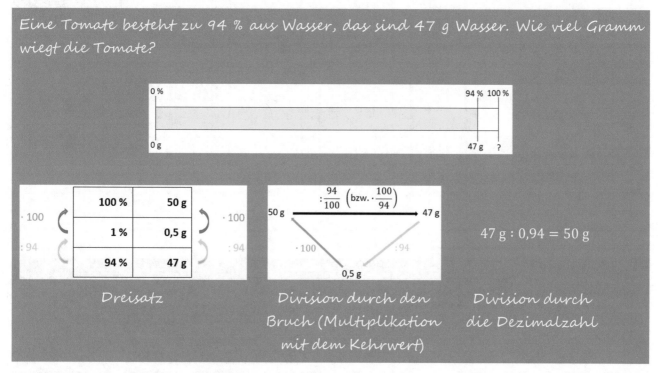

Die Frage nach dem Wassergehalt der Tomate, wenn das Gewicht der Tomate und das Gewicht des Wassers bekannt sind, entspricht der Bestimmung des Prozentsatzes.

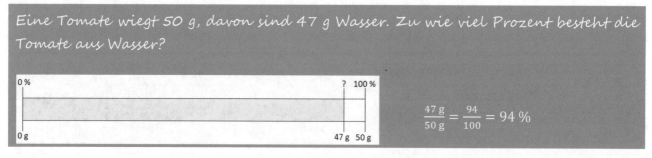

Die Grundaufgaben der Prozentrechnung lassen in allgemeiner Schreibweise übersichtlich zusammenfassen.

Wenn von den drei Größen *Grundwert* (*G*), *Prozentsatz* (*p*) und *Prozentwert* (*W*) zwei bekannt sind, lässt sich die dritte direkt berechnen, indem man die Gleichung passend umstellt:

$$W = G \cdot p \qquad \text{(Prozentwert gesucht)}$$
$$G = W : p \qquad \text{(Grundwert gesucht)}$$
$$p = \frac{W}{G} \qquad \text{(Prozentsatz gesucht)}$$

1. Berechne die fehlenden Werte.

Grundwert (G)			77	288		0,45	111
Prozentsatz (p)	16 %			135 %	25,5 %		63 %
Prozentwert (W)	12	15,4			3,06	1,08	

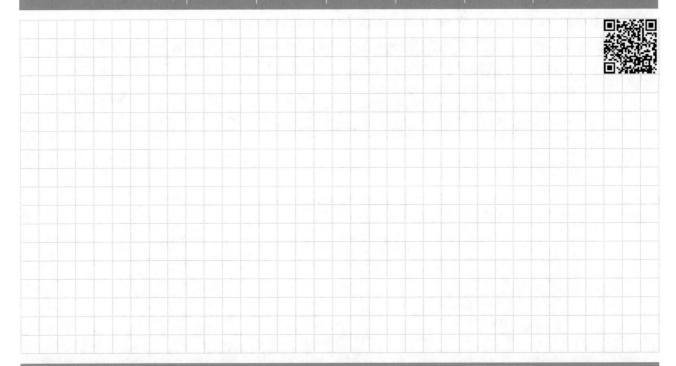

2. Wenn man die Ware in einem Geschäft bar bezahlt, erhält man 3 % Rabatt. Welchen Preis hat eine Ware, wenn der Rabatt 3,99 € beträgt?

3. Von den 346 Besucherinnen und Besuchern eines Konzerts sind 123 mit dem Auto gekommen, 167 mit Bus und Bahn und der Rest zu Fuß oder mit dem Fahrrad. Wie viel Prozent sind zu Fuß oder mit dem Fahrrad gekommen?

Vermehren und Vermindern – prozentuale Veränderung

Veränderungen von Größen wie z. B. Preissenkungen oder Gehaltserhöhungen werden häufig mit Prozentangaben ausgedrückt. Anstelle von „Das neue Gehalt beträgt 103 % vom alten Gehalt" sagt man dann aber „Die Gehaltserhöhung beträgt 3 %" oder „Das Gehalt steigt um 3 %". Eine einfache Berechnungsmöglichkeit für prozentuale Veränderungen lässt sich gut mit der Grundaufgabe *Berechnung des Prozentwerts* verstehen. Dabei ist der Lösungsweg „Multiplikation mit der Dezimalzahl" besonders übersichtlich.

Am Ende des Jahres 2017 waren insgesamt 24350 Studierende eingeschrieben. Im Jahr 2018 stieg die Zahl um 4 %. Wie viele Studierende waren am Ende des Jahres 2018 eingeschrieben?

Grundsätzlich kann man zunächst berechnen, wie viele Studierende Ende 2018 mehr eingeschrieben waren als Ende 2017 ($24350 \cdot 0{,}04 = 974$) und diese Zahl dann zur Zahl der Eingeschriebenen Ende 2017 addieren ($24350 + 974 = 25324$).

Einfacher ist die folgende Überlegung: Eine Steigerung um 4 % bedeutet eine Steigerung auf 104 %. Damit berechnet man direkt: $24350 \cdot 1{,}04 = 25324$

Wenn die betrachtete Größe wie im Beispiel mit den Studierenden größer wird, spricht man von „Vermehrung". Wird die betrachtete Größe hingegen kleiner, dann spricht von „Verminderung". Rechnerisch kann man dann entsprechend vorgehen.

Zu Beginn des Jahres 2018 betrug der Wert eines Autos 12800 €. Im Laufe des Jahres ist der Wert um 15 % gesunken. Wie viel Euro betrug der Wert des Autos am Ende des Jahres 2018?

Eine Senkung um 15 % bedeutet eine Senkung auf 85 %. Damit berechnet man direkt: $12800 \, € \cdot 0{,}85 = 10880 \, €$

Bei prozentualer Veränderung kommt es also auf die richtige Bestimmung des Prozentsatzes an.

Bei der prozentualen Veränderungen unterscheiden wir zwei Konstellationen.
(1) Wird eine Größe um den Anteil *p* **vermehrt**, bestimmt man den neuen Wert durch:
$$G \cdot (1 + p) = W$$
(2) Wird eine Größe um den Anteil *p* **vermindert**, bestimmt man den neuen Wert durch:
$$G \cdot (1 - p) = W$$
Dabei gibt *W* den neuen Wert nach der Vermehrung bzw. Verminderung an.

1. Berechne die fehlenden Werte.

Wert vor der Vermehrung	28,8	8	60	
Vermehrung um ...	5 %	125 %		35 %
Wert nach der Vermehrung			72	1,08

2. Berechne die fehlenden Werte.

Wert vor der Verminderung	94	800	0,24	
Verminderung um ...	8 %	7,5 %		40 %
Wert nach der Verminderung			0,18	2,4

3. Für die Arbeit eines Handwerkers bezahlt ein Kunde pro Stunde 65,45 € brutto, d. h. inklusive 19 % Umsatzsteuer auf den Nettopreis.
Wie viel kostet die Arbeit pro Stunde netto, d. h. ohne Umsatzsteuer?

Zinsen und Zinseszinsen

Bei Zins- und Zinseszinsrechnung handelt es sich um eine Anwendung der Prozentrechnung auf Fragestellungen, die mit Geldanlagen oder Krediten zu tun haben und für die es eigene Begriffe gibt.

Nachdem wir die Aufgaben der Prozentrechnung umfassend betrachtet haben, können wir typische Fragestellungen und Rechnungen hier kurz zusammenfassen.

Leon hat zu Jahresbeginn 2500 € auf einem Tagesgeldkonto. Hierauf erhält er 0,8 % Jahreszinsen, die seinem Konto am Jahresende gutgeschrieben werden. Wie viel Euro hat Leon am Jahresende auf seinem Konto? Wie viel Zinsen wurden gutgeschrieben?

Das Kapital, das Leon zu Jahresbeginn hat, wird um 0,8 % vermehrt. Das Kapital am Jahresende berechnet man mit: 2500 € · 1,008 = 2520 €. Es wurden also 20 € Zinsen gutgeschrieben.

Bei vielen Krediten werden die Schuldzinsen monatlich berechnet. Für die Berechnung wird dann der angegebene Jahreszinssatz durch die Anzahl der Monate geteilt und als monatlicher Zinssatz verwendet.

Johanna hat ihr Konto um 800 € überzogen. Die Schuldzinsen werden monatlich auf der Basis eines Jahreszinssatzes von 6 % berechnet und dem Konto belastet. Wie viel Euro Schulden hat Johanna, wenn sie zwei Jahre lang keine Einzahlung oder Abhebung vornimmt?

Monatlicher Zinssatz: $6\,\% : 12 = 0,5\,\%$

Kontostand nach 1 Monat: $800\,€ \cdot 1,005 = 804\,€$

Kontostand nach 2 Monaten: $800\,€ \cdot 1,005^2 = (800\,€ \cdot 1,005) \cdot 1,005$
$$= 804\,€ \cdot 1,005 = 808,02\,€$$

Kontostand nach 24 Monaten: $800\,€ \cdot 1,005^{24} = 901,7278 \ldots € \approx 901,73\,€$

Diese Rechnung gilt allerdings (schon vor der Rundung) nur näherungsweise, weil bei der monatlichen Berechnung der Schuldzinsen der Betrag jeweils auf zwei Nachkommastellen gerundet wird.

Die Grundaufgaben der Prozentrechnung lassen in allgemeiner Schreibweise übersichtlich zusammenfassen.

Zins- und **Zinseszinsrechnung** sind **Anwendungen der Prozentrechnung** mit **eigenen Begriffen**. Die Zinseszinsformel für n Berechnungszeiträume ergibt sich aus der prozentualen Veränderung zu $K_n = K_0 \cdot (1 + z)^n$; dabei ist K_0 das **Kapital** zu Beginn, z der **Zinssatz** für einen **Berechnungszeitraum** und K_n das Kapitel nach n Berechnungszeiträumen, wenn zwischendurch außer den Zinsen kein Geld einzahlt oder abgehoben wird.

1. Berechne die fehlenden Werte mit der Zinseszinsformel.

K_0	1600 €	400 €	4000 €	
z	0,75 %	7,9 %		1 %
n	4		4	5
K_n		502,49 €	4862,03 €	8933,59 €

Die Werte für *n* und *z* musst du gegebenenfalls durch systematisches Probieren bestimmen.

2. Bei einem Zuwachssparen muss man bei einer Laufzeit von fünf Jahren zu Beginn jedes Jahres 1000 € einzahlen. Am Ende für das erste Jahr werden am Jahresende 1 % Zinsen gutgeschrieben, für das zweite Jahr am Jahresende 2 %, ... und für das fünfte Jahr am Jahresende 5 %. Wie hoch ist der angesparte Betrag nach fünf Jahren?

Übungsmix

1. Berechne die fehlenden Werte.

Grundwert	80	152		0,016	2,125	
Prozentsatz	62,5 %		30 %	75%		45 %
Prozentwert		66,5	316,5		0,425	0,432

2. Im abgebildeten Kreisdiagramm sind für das Jahr 2016 die durchschnittlichen monatlichen Ausgaben von Studierenden dargestellt, die nicht bei ihren Eltern wohnen.
   (Quelle: Deutsches Studentenwerk e. V., 21. Sozialerhebung)

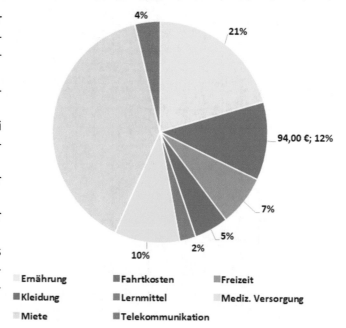

   (a) Wie viel Euro gaben Studierende, die nicht bei ihren Eltern wohnen, im Jahr 2016 durchschnittlich pro Monat aus?
   (b) Wie viel Euro gaben sie durchschnittlich für Kleidung aus?
   (c) Wie viel Euro gaben sie durchschnittlich für Miete aus?
   (d) Wie viel Grad misst der Mittelpunktwinkel des Kreissektors für „Ernährung", wenn die angegebenen Daten richtig im Kreisdiagramm dargestellt sind?

3. Für die Bundestagswahl im Jahr 2017 waren ungefähr 61,69 Mio. Menschen wahlberechtigt, von denen sich ungefähr 46,98 Mio. an der Wahl beteiligt haben.
   Von den 18- bis 20-Jährigen haben sich ungefähr 1,43 Mio. an der Wahl beteiligt. Dies entspricht einer Wahlbeteiligung von 69,9 %.
   (a) Berechne die prozentuale Wahlbeteiligung.
   (b) Wie viele 18- bis 20-Jährige waren wahlberechtigt?

4. In der folgenden Tabelle wird durch das Vorzeichen beim Prozentsatz angegeben, ob es sich um eine prozentuale Vermehrung (positiver Prozentsatz) oder eine prozentuale Verminderung (negativer Prozentsatz) handelt.

Wert vor der Veränderung	15	0,48		96	44,6	
Prozentuale Veränderung	19 %		30 %	−12,5 %		−11 %
Wert nach der Veränderung		0,6	169		11,15	88,11

5. Der Kurs einer Aktie stieg in drei aufeinanderfolgenden Jahren jeweils um 20 %. Um wie viel Prozent ist der Kurs in den drei Jahren insgesamt gestiegen?

6. Ein Möbelgeschäft wirbt damit, dass man die Möbel direkt mitnehmen kann, aber erst ein Jahr später zahlen muss. Dafür verlangt das Möbelgeschäft dann allerdings Schulzinsen Schuldzinsen. Wer z. B. ein Ledersofa für 1190,00 € kauft, musst ein Jahr später 1272,11 € bezahlen.
   Welchen Zinssatz legt das Möbelgeschäft zugrunde?

In diesem Kapitel lernst du,

- *wozu Wahrscheinlichkeiten benutzt werden.*
- *wie man Wahrscheinlichkeiten messen kann.*
  - ▫ *Das Gesetz der großen Zahlen*
  - ▫ *Laplace-Experimente*
  - ▫ *Laplace-Wahrscheinlichkeit*
- *wie man „clever" zählt.*
  - ▫ *Das Urnenmodell und die Grundregel der Kombinatorik*
  - ▫ *Binomialkoeffizienten*
  - ▫ *Fakultät*
- *wie man die Wahrscheinlichkeit in mehrstufigen Experimenten berechnet.*
  - ▫ *Baumdiagramme*
  - ▫ *Pfadregeln*

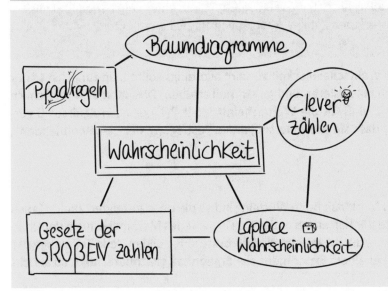

Beispielaufgaben aus diesem Kapitel

1. Wie hoch ist die Wahrscheinlichkeit beim Wurf eines Würfels
   - (a) die Augenzahl drei zu würfeln?
   - (b) eine Augenzahl größer als zwei zu würfeln?

2. In einer vereinfachten Version des Spiels „Mastermind" geht es darum, eine Farbkombination der Länge vier (ohne Wiederholung) zu erraten, die aus sechs verschiedenen Farben gewählt wurde. Wie viele solcher Kombinationen sind möglich?

3. Betrachten wir ein Zahlenschloss mit zwei Stellrädern, die jeweils die rechts abgebildeten Symbole tragen. Wie hoch ist die Wahrscheinlichkeit, die richtige Kombination zu erraten?

4. Ein Autokennzeichen werde gebildet aus mindestens einem, maximal zwei Buchstaben des Alphabets und einer Zahl, bestehend aus mindestens 2, maximal 3 Ziffern (ohne die „0" an erster Stelle). Wie viele Möglichkeiten gibt es, wenn ein Buchstabe auch mehrmals erscheinen darf?

Ob beim Glücksrad auf der Kirmes, beim Lotto oder beim Würfeln im Casino; nicht immer lässt sich ein Ergebnis genau vorhersagen. In diesen Fällen geht es darum, die Chancen für das Eintreten eines bestimmten Ergebnisses irgendwie zahlenmäßig zu erfassen, quasi einen Blick in die Zukunft zu ermöglichen: Was können wir erwarten? Wie aber kann das geschehen? Dazu betrachten wir als einfaches Experiment den Wurf einer Münze.

Wenn man eine Münze nur sechsmal wirft, kann es passieren, dass man zweimal Kopf, viermal Zahl oder aber fünfmal Kopf und einmal Zahl erhält. Ist die Münze gleichmäßig gearbeitet, wird man auf lange Sicht allerdings folgende Beobachtung machen:

Je häufiger man wirft, desto mehr nähern sich die relativen Häufigkeiten beider Ergebnisse dem Wert 0,5. Das passt zur Vorstellung der gleichen Chancen beider Seiten.

Empirisches Gesetz der großen Zahlen

Mit wachsender Versuchszahl stabilisiert sich die relative Häufigkeit eines gegebenen Ereignisses im Allgemeinen bei einer bestimmten Zahl p, die relativen Häufigkeiten unterscheiden sich immer weniger von dieser Zahl.

Diese Zahl p scheint ein sinnvolles Maß für die Wahrscheinlichkeit zu sein; allerdings sollte man zunächst sicher sein, dass diese Abweichungen sich tatsächlich stabilisieren und gegen null streben. Dies lässt sich tatsächlich nachweisen, sodass wir fortan p tatsächlich als **Maß für die Wahrscheinlichkeit** $P(E)$ eines Ereignisses E verwenden. Man sollte allerdings nie vergessen, dass sie nur eine subjektive Festlegung der „innewohnenden", theoretischen Wahrscheinlichkeit ist.

Laplace-Wahrscheinlichkeit

An einem Experiment interessiert uns stets ein Merkmal: Beim Würfeln sind es die oben gezeigten Zahlen (auch „Augen" genannt), beim Ziehen einer Spielkarte der Kartenwert oder die Farbe. Jedes Merkmal kann in verschiedenen Ausprägungen, den **Ergebnissen** auftreten, die zusammen die **Ergebnismenge** bilden. Jede Teilmenge der Ergebnismenge nennen wir ein **Ereignis**. Sind bei einem Experiment alle Ergebnisse gleichberechtigt, so spricht man von einem Laplace-Experiment.

Wahrscheinlichkeit nach Laplace

Umfasst die Ergebnismenge eines Experiments genau n Elemente und ein Ereignis A insgesamt m Elemente, so ist die Wahrscheinlichkeit für das Eintreten von A:

$$P(A) = \frac{\text{Anzahl der für A günstigen Ergebnisse}}{\text{Anzahl der möglichen Ergebnisse}} = \frac{m}{n}$$

Somit ist stets $0 \leq P(A) \leq 1$. Außerdem gilt für die Wahrscheinlichkeit $P(\overline{A})$, dass das Ereignis A nicht eintritt: $P(\overline{A}) = 1 - P(A)$.

Beispiel: Drehen am abgebildeten Glücksrad

- Ergebnismenge: $E = \{1, 2, 3, 4, 5\}$.
- mögliches Ereignis:

  A : „Es wird eine Zahl gedreht, die größer als 2 ist": $A = \{3, 4, 5\}$
- Wahrscheinlichkeit für A: $P(A) = \frac{3}{5} = 0,6 = 60\%$

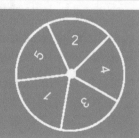

In einer Urne befinden sich drei rote, drei blaue und drei gelbe Kugeln, je von eins bis drei nummeriert. Es wird nun blind eine Kugel gezogen. Betrachte die drei Ereignisse:

A : „Es wird eine rote Kugel aus der Urne gezogen".

B : „Es wird eine Kugel mit einer ungeraden Nummer au der Urne gezogen"

C : „Es wird eine gelbe oder blaue Kugel mit gerader Nummer gezogen."

1. Gib eine Ergebnismenge an und bestimme die Wahrscheinlichkeit aller möglichen Ergebnisse.

2. Gib die zu den Ereignissen A, B, C gehörenden Teilmengen der Ergebnismenge an und bestimme jeweils die Wahrscheinlichkeit für ihr Eintreten.

3. Nachdem die gezogene Kugel zurückgelegt wurde, werden nun zwei Kugeln auf einmal gezogen. Bestimme die Ergebnismenge dieses Experiments und die Wahrscheinlichkeit für das Ereignis D: „Es wird eine Kugel mit ungerader Nummer und eine beliebige rote Kugel gezogen."

Clever zählen

Die letzte Aufgabe auf der vorherigen Seite zeigt bereits, dass die Ergebnismenge sehr groß und damit das Zählen von Elementen in der Ergebnismenge sehr umständlich werden kann.

Nehmen wir zum Beispiel ein einfaches Zahlenschloss mit drei Ziffern (jeweils 0–9), dessen Kombination wir erraten wollen. Dann können wir insgesamt 1000 mögliche Ziffernkombinationen wählen (nämlich gerade 000–999) von denen aber nur eine richtig ist. Die Wahrscheinlichkeit, dass wir die richtige Kombination treffen liegt also bei 1/1000 = 0,001 = 0,1 %. Wie aber ändert sich diese Wahrscheinlichkeit, wenn wir wissen, dass in der richtigen Kombination die Ziffern 1 und 2 vorkommen?

Lösung: Durch die zusätzlichen Informationen ändert sich unsere Ergebnismenge, da wir natürlich nur noch Kombinationen einstellen, die eine 1 und eine 2 enthalten. Statt jetzt sklavisch alle möglichen Kombinationen mithilfe einer Tabelle aufzuschreiben und diese zu zählen, betrachten wir das Problem aus einem anderen Blickwinkel:

Im Grunde besteht unsere Aufgabe aus zwei Teilen:

1. Die beiden Ziffern 1 und 2 auf drei mögliche Plätze verteilen.
2. Den verbliebenen Platz mit einer beliebigen Ziffer füllen.

Starten wir mit der Ziffer 1, so haben wir drei Möglichkeiten, diese auf die vorgegebenen Plätze zu verteilen. Haben wir uns für eine Stelle entschieden, verbleiben für die Ziffer 2 nur noch zwei mögliche Plätze. Wir haben also $3 \cdot 2 = 6$ Möglichkeiten, die beiden Ziffern zu positionieren.

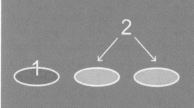

Sind die beiden Ziffern 1 und 2 nun einmal positioniert, dürfen wir für den dritten Platz noch eine der 10 möglichen Ziffern 0–9 auswählen, haben also insgesamt: $6 \cdot 10 = 60$ Möglichkeiten, eine dreistellige Kombination mit den Ziffern 1 und 2 zu bilden.

Daher vergrößert sich die Wahrscheinlichkeit, die richtige Kombination zu erraten, auf

$$\frac{1}{60} \approx 1,7\%$$

Produktregel der Kombinatorik

Wenn ein Objekt aus k Elementen in einer feststehenden Reihenfolge zusammengesetzt wird und es für das erste Element m_1 verschiedene Möglichkeiten, für das zweite Element m_2 verschiedene Möglichkeiten … und für das k-te Element m_k verschiedene Möglichkeiten gibt, dann gibt es für die Konstruktion des Objektes $m_1 \cdot m_1 \cdot \ldots \cdot m_k$ verschiedene Möglichkeiten.

1. Ein Zahlenschloss besitzt fünf Ringe, die jeweils die Ziffern 0, 1, ..., 9 tragen.

   (a) Wie viele verschiedene fünfstellige Kombinationen sind möglich?

   (b) Wie ändert sich die Anzahl aus (a), wenn in jeder Kombination jede Ziffer nur einmal vorkommen darf?

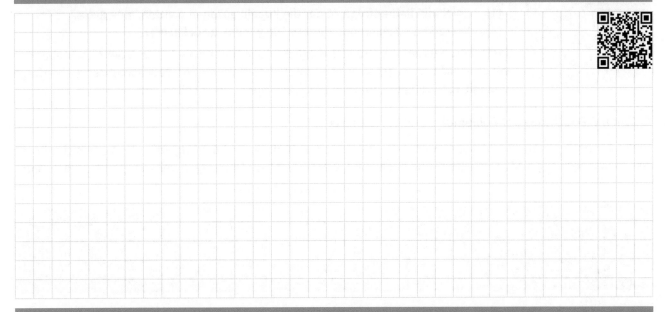

2. Vor einem Bankschalter stehen fünf Personen und warten in einer Schlange.

   (a) Wie viele verschiedene Anordnungen innerhalb der Schlange sind möglich?

   (b) Wenig später öffnet ein zweiter Schalter. Daraufhin wechseln drei Personen zum zweiten Schalter. Wie viele Möglichkeiten gibt es nun, drei von den fünf Personen aus der ursprünglichen Schlange auszuwählen und in einer neuen Schlange vor dem zweiten Schalter anzuordnen?

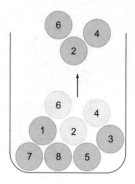

Grundsätzlich lassen sich „Zählaufgaben" auf vier grundlegende Fragestellungen zurückführen, die wir hier nun anhand eines einfachen Modells veranschaulichen wollen. Dazu betrachten wir eine Urne in der n unterscheidbare (z. B. nummerierte) Kugeln liegen. Aus dieser werden nun per Zufall nacheinander k Kugeln herausgezogen. Wie viele verschiedene Möglichkeiten gibt es dafür? Das hängt von zwei Faktoren ab:

(1) Spielt die **Reihenfolge**, in der die Kugeln gezogen werden, eine Rolle?

(2) Werden die Kugeln nach jedem Zug wieder **zurückgelegt**?

Insgesamt müssen wir also vier mögliche Fälle unterscheiden, von denen wir aber nur die drei wichtigsten genauer betrachten. Das **Ziehen ohne Beachtung der Reihenfolge und mit Zurücklegen** kommt in der Praxis nur äußerst selten vor.

Ziehen mit Beachtung der Reihenfolge und Zurücklegen

Legen wir nach jedem Zug die Kugel wieder zurück, ändert sich die Anzahl der Kugeln in der Urne nicht. Somit gibt es in jedem Zug n Möglichkeiten, eine Kugel auszuwählen, und (Produktregel) bei k Zügen also insgesamt

$$n \cdot n \cdot n \cdot \ldots \cdot n = n^k \text{ Möglichkeiten.}$$

Beispiel: Zahlenschloss mit 4 Ringen

Da sich auf jedem Ring die Ziffern 0-9 einstellen lassen, ist die Anzahl der möglichen Zahlenkombinationen gerade: $\qquad 10^4 = 10.000$

Ziehen mit Beachtung der Reihenfolge aber ohne Zurücklegen

Was ändert sich nun, wenn wir die gezogenen Kugeln nicht zurücklegen? Im ersten Zug haben wir natürlich immer noch n Möglichkeiten, eine Kugel aus der Urne auszuwählen. Ist dies geschehen, bleiben für den zweiten Zug allerdings nur noch $n - 1$ Möglichkeiten, denn schließlich fehlt in der Urne ja die bereits zuerst gezogene Kugel. Folglich bleiben für den dritten Zug nur noch $n - 2$ Möglichkeiten und so fortfahrend, gibt es im k-ten Zug nur noch $n - (k - 1) = n - k + 1$ Kugeln, aus denen wir eine auswählen können. Es gibt also insgesamt

$$n \cdot (n - 1) \cdot (n - 2) \cdot \ldots \cdot (n - k + 1) = \frac{n!}{(n-k)!} \text{ mögliche Ergebnisse.}$$

Für eine positive ganze Zahl n heißt:

$$n! = n \cdot (n - 1) \cdot (n - 2) \cdot \ldots \cdot 3 \cdot 2 \cdot 1$$

die **Fakultät von n**. Außerdem setzt man:

$$0! = 1$$

Beispiel:

$2! = 2 \cdot 1 = 2$

$3! = 3 \cdot 2 \cdot 1 = 6$

$4! = 4 \cdot 3 \cdot 2 \cdot 1 = 24$

$5! = 5 \cdot 4 \cdot 3 \cdot 2 \cdot 1 = 120$

Beispiel: Angenommen, dein E-Mail-Konto ist durch ein Passwort mit sechs Buchstaben geschützt, das du allerdings vergessen hast. Wie viele Kombinationen musst du im schlimmsten Fall probieren? Und wie lange dauert eine „Brute-Force-Attacke", wenn du etwa 3 pro Minute testen kannst?

Lösung: Da das Alphabet 26 Buchstaben hat, sind theoretisch also

$$\frac{26!}{(26 - 6)!} = 26 \cdot 25 \cdot 24 \cdot 22 \cdot 21 = 165.765.600$$

Kombinationen möglich und du wärst ca. 55.255.200 min $\approx$ 105 Jahre beschäftigt.

1. Betrachten wir ein Zahlenschloss mit zwei Stellrädern, die jeweils die rechts abgebildeten Symbole tragen. Wie hoch ist die Wahrscheinlichkeit, die richtige Kombination zu erraten?

2. Ein Bit kann genau zwei Zustände (0 oder 1) annehmen. Acht Bits bilden ein Byte (z. B. 10110001). Wie viele verschiedene Bytes gibt es dann?

3. Ein Autokennzeichen werde gebildet aus mindestens einem, maximal zwei Buchstaben des Alphabets und einer Zahl, bestehend aus mindestens 2, maximal 3 Ziffern (ohne die „0" an erster Stelle). Wie viele Möglichkeiten gibt es, wenn
   (a) ein Buchstabe auch mehrmals erscheinen darf?
   (b) ein Buchstabe höchstens einmal erscheinen darf?

Ziehen ohne Beachtung der Reihenfolge und ohne Zurücklegen

Bei diesem Fall gehen wir etwas vorsichtiger vor und unterteilen die Menge der möglichen Ergebnisse in Gruppen. Jede Gruppe entspricht dabei einer Menge von k gezogenen Kugeln, die lediglich eine Umsortierung derselben Nummern sind und unsere Aufgabe besteht nun darin, die Anzahl dieser Gruppen zu bestimmen.

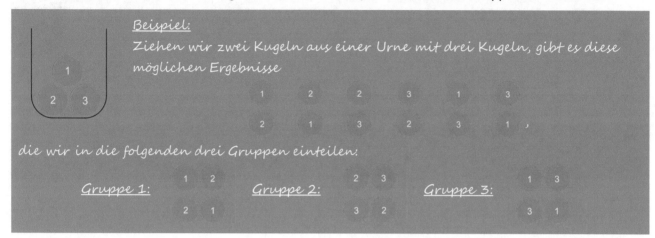

Beispiel:

Ziehen wir zwei Kugeln aus einer Urne mit drei Kugeln, gibt es diese möglichen Ergebnisse

| 1 | 2 | 2 | 3 | 1 | 3 |
| 2 | 1 | 3 | 2 | 3 | 1 |

die wir in die folgenden drei Gruppen einteilen:

Gruppe 1:
| 1 | 2 |
| 2 | 1 |

Gruppe 2:
| 2 | 3 |
| 3 | 2 |

Gruppe 3:
| 1 | 3 |
| 3 | 1 |

Wie viele Elemente liegen nun in einer Gruppe? Das entspricht der Frage nach der Anzahl möglicher Ergebnisse, wenn wir aus einer Urne mit k Kugeln eben genau k Kugeln unter Beachtung der Reihenfolge und ohne Zurücklegen herausnehmen. Das sind $k \cdot (k-1) \cdot \ldots \cdot (k-k+1) = k \cdot (k-1) \cdot \ldots \cdot 1 = k!$ Möglichkeiten.

Zudem wissen wir bereits, dass es $n \cdot (n-1) \cdot \ldots \cdot (n-k+1)$ Möglichkeiten gibt, k Kugeln unter Beachtung der Reihenfolge zu ziehen. Ist also g die Anzahl der Gruppen, so ist $n \cdot (n-1) \cdot \ldots \cdot (n-k+1) = g \cdot k!$, also

$$g = \frac{n \cdot (n-1) \cdot \ldots \cdot (n-k+1)}{k!} = \frac{n!}{k!\,(n-k)!} = \binom{n}{k} \, .$$

Für nichtnegative, ganze Zahlen n und k heißt:

$$\binom{n}{k} = \frac{n!}{k!\,(n-k)!}$$

der **Binomialkoeffizient „n über k"**.

Beispiel:

$$\binom{n}{0} = \frac{n!}{0!\,(n-0)!} = \frac{n!}{n!} = 1$$

$$\binom{4}{2} = \frac{4!}{2!\,(4-2)!} = \frac{4!}{2! \cdot 2!} = \frac{4 \cdot 3}{2 \cdot 1} = 6$$

Beim Lotto („6 aus 49") muss man sechs Zahlen zwischen 1 und 49 auswählen. Wer die richtige Kombination wählt, gewinnt. Bestimme die Wahrscheinlichkeit für drei Richtige.

Lösung: Zunächst einmal bestimmen wir die Anzahl aller möglichen Ergebnisse. Da dies einer Auswahl von sechs Zahlen ohne Beachtung der Reihenfolge entspricht, sind das

$$\binom{49}{6} = 13.983.816 \text{ mögliche Ergebnisse.}$$

Um die Anzahl der günstigen Ergebnisse zu berechnen, müssen wir (ebenfalls ohne die Reihenfolge zu beachten) zunächst 3 der 6 „richtigen" Zahlen und anschließend 3 der 43 „falschen" Zahlen auswählen. Das entspricht (Produktsatz der Kombinatorik)

$$\binom{6}{3} \cdot \binom{43}{3} = 20 \cdot 12.341 = 246.820 \text{ möglichen Kombinationen.}$$

Die Wahrscheinlichkeit für drei Richtige beim Lotto liegt also bei: $\dfrac{246.820}{13.983.816} \approx 1{,}7\,\%$

Zieht man k-mal aus einer Urne mit n unterscheidbaren Kugeln, gelten für die Anzahl der möglichen Ergebnisse folgende Berechnungsformeln:

mit Beachtung der Reihenfolge und Zurücklegen	mit Beachtung der Reihenfolge ohne Zurücklegen	ohne Beachtung der Reihenfolge und ohne Zurücklegen
n^k	$k! \cdot \binom{n}{k}$	$\binom{n}{k}$

1. Es besteht die Überlegung, in die erste Fußballbundesliga statt 18 sogar 20 Vereine aufzunehmen. Bestimme die Anzahl der Spiele (Hin- und Rückspiele), die in der nächsten Saison hinzukämen.

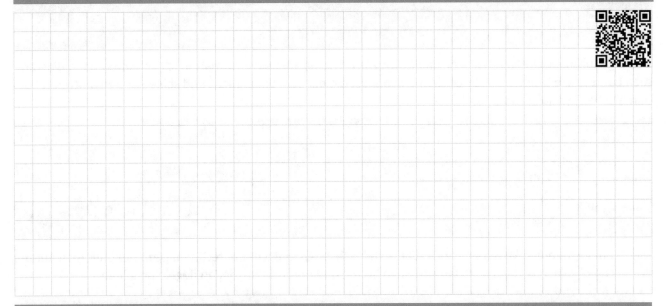

2. Beim Ausräumen des Kinderzimmers findest du eine Schachtel, die zwei Puzzles enthalten hat, je eins mit 30 bzw. 40 Teilen. Drei Teile sind jedoch nicht mehr auffindbar. Mit welcher Wahrscheinlichkeit ist keines der beiden Puzzles vollständig?

Mehrstufige Experimente und Baumdiagramme

Von einem mehrstufigen Experiment spricht man, wenn ein zufälliger Vorgang (wie zum Beispiel der Wurf einer Münze) mehrfach nacheinander, also stufenweise durchgeführt wird. Dabei können die Ergebnisse einer Stufe von den Ergebnissen der vorherigen Stufe abhängen oder nicht.

> *Beispiel:*
> Betrachten wir das gleichzeitige Ziehen von zwei Kugeln aus einer Urne.
> Dieses Experiment können wir auch als zweimaliges Ziehen einer Kugel interpretieren, sofern wir die gezogene Kugel nicht wieder zurücklegen. Andernfalls ändern wir ja gerade die Anzahl der möglichen Ergebnisse und damit das Experiment (denn wir könnten ja im Gegensatz zu vorher die gleiche Kugel zweimal ziehen).
>
>

Das Ergebnis mehrstufiger Versuche stellt man zur besseren Übersicht oftmals in sogenannten Baumdiagrammen dar. Diese enthalten alle möglichen Ergebnisse, die bei dem Experiment und seinen Stufen auftreten können. Ein Beispiel soll das verdeutlichen.

> Wir werfen zweimal hintereinander eine Münze.
> Die möglichen Ergebnisse
> $$(W,W) \, , \, (W,Z) \, , \, (Z,Z) \, , \, (Z,W)$$
> lassen sich mithilfe eines Baumdiagramms einfach bestimmen; sie entsprechen gerade den einzelnen „Pfaden".

Mit Baumdiagrammen lassen sich auch Wahrscheinlichkeiten einfacher berechnen. Dazu benötigt man nur die Wahrscheinlichkeitsverteilung in den einzelnen Stufen und muss die folgenden Regeln beachten.

1. Pfadregel
Um in einem Experiment die Wahrscheinlichkeit für ein bestimmtes Ergebnis zu bestimmen, **müssen die Wahrscheinlichkeiten entlang des zugehörigen Pfades multipliziert werden.**

2. Pfadregel
Soll die Wahrscheinlichkeit eines Ereignisses berechnet werden, das mehrere Ergebnisse umfasst, **müssen die Wahrscheinlichkeiten der zugehörigen Pfade addiert werden.**

> *Beispiel:* Bestimme die Wahrscheinlichkeit, beim Wurf mit zwei Würfeln mindestens eine Sechs zu würfeln.
>
> *Lösung:* Hier handelt es sich um ein zweistufiges Experiment. In jeder Stufe gilt:
> $$P(„6") = 1/6 \quad und \quad P(„N") = 5/6.$$
> Das Ereignis umfasst gerade die drei Pfade $(6,6) \, , (6,N) \, , (N,6)$ und somit gilt für die gesuchte Wahrscheinlichkeit:
>
> $$P(„mind. eine 6") = P(6,6) + P(6,N) + P(N,6) = \frac{1}{6} \cdot \frac{1}{6} + \frac{1}{6} \cdot \frac{5}{6} + \frac{5}{6} \cdot \frac{1}{6} = \frac{11}{36} \approx 31\%$$

1. In einem Koffer befinden sich 200 Uhren. Davon sind 65 % Originale und 35 % Fälschungen, die sich auf den ersten Blick nicht unterscheiden. Von den Originalen sind 5 % defekt, von den Fälschungen sind es 30 %. Bestimme die Wahrscheinlichkeit dafür,
   (a) ein defektes Original aus dem Koffer zu nehmen,
   (b) eine funktionierende Uhr aus dem Koffer zu nehmen.

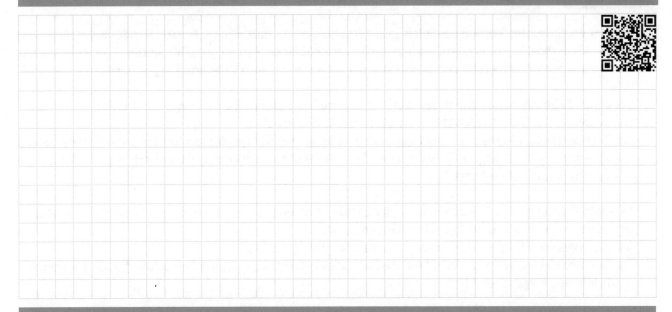

2. Ein Straßenspieler bietet dir folgende Wette an: „Wenn bei drei Münzwürfen mindestens zweimal „Zahl" fällt, erhältst du 10 € von mir. Andernfalls bekomme ich 10 € von dir." Deal or no deal?

Übungsmix

1. Wie hoch ist die Wahrscheinlichkeit beim Wurf eines Würfels
   (a) die Augenzahl drei zu würfeln?
   (b) eine gerade Augenzahl zu werfen?
   (c) eine Augenzahl größer als zwei zu würfeln?
   (d) höchstens eine Fünf zu würfeln?

2. In einer vereinfachten Version des Spiels „Mastermind" geht es darum, eine Farbkombination der Länge vier (ohne Wiederholung) zu erraten, die aus sechs verschiedenen Farben gewählt wurde. Wie viele solcher Kombinationen sind möglich? Wie ändert sich die Anzahl wenn auch Wiederholungen zugelassen werden?

3. Bei einem Fahrradschloss können auf drei Ringen jeweils die Ziffern 1 bis 6 eingestellt werden.
   (a) Bestimme zunächst die Anzahl der möglichen Kombinationen.
   (b) Angenommen, ein Dieb hat herausgefunden, dass der Fahrradbesitzer an der ersten und letzten Stelle eine gerade Ziffer eingestellt hat. Wie hoch ist die Wahrscheinlichkeit, dass er mit diesem Wissen die richtige Kombination findet?

4. In einem Zimmer gibt es 5 verschiedenfarbige Lampen (rot, gelb, blau, grün und Schwarzlicht), die unabhängig voneinander aus- und eingeschaltet werden können.
   (a) Wie viele verschiedene Lichtkonzepte lassen sich damit realisieren?
   (b) Wie hoch ist die Wahrscheinlichkeit, dass bei einer zufällig eingestellten Beleuchtung auch die Schwarzlichtlampe eingeschaltet ist?

5. In einer Lostrommel befinden sich acht Lose mit den Nummern 1 bis 8. Ein Spieler zieht nun nacheinander drei Lose. Zieht er in Reihenfolge die Nummern 2, 4, 6 oder 4, 6, 8, hat er gewonnen. Berechne die Wahrscheinlichkeit für einen Gewinn.

6. Die in Deutschland beliebteste Lotterie ist „LOTTO 6 aus 49". Ziel des Spiels ist die Vorhersage von 6 Zahlen, die aus den Zahlen 1 bis 49 gezogen werden. Zusätzlich wird zudem noch eine Superzahl aus den Zahlen 0 bis 9 gezogen, die auf dem Lottoschein aber bereits vorgemerkt ist.
   (a) Wie hoch ist die Wahrscheinlichkeit für vier Richtige ohne die richtige Zusatzzahl?
   (b) Wie hoch ist die Wahrscheinlichkeit für sechs Richtige und richtige Zusatzzahl?

7. Der Bochumer Student Max würfelt 4-mal mit einem fairen Würfel und setzt die Augenzahlen der Reihenfolge nach zusammen. Würfelt er also eine 1, dann eine 6, eine 3 und schließlich eine 2, so ergibt sich die Zahl 1632. Wie groß ist die Wahrscheinlichkeit, dass er bei seinem Experiment eine Zahl würfelt, die größer ist als 4351?

8. Bei einem Glücksrad mit fünf gleich großen Sektoren wird nach dem Drehen im Stillstand durch einen Pfeil angezeigt, ob man einen „Treffer" (2 Sektoren) oder eine „Niete" (3 Sektoren) erzielt hat. Das Glücksrad wird nun 4-mal gedreht. Mit welcher Wahrscheinlichkeit
   (a) erhält man 2 Treffer?
   (b) erhält man keinen Treffer?
   (c) erhält man weniger als eine Niete?
   (d) erhält man mehr als zwei Treffer?

In diesem Kapitel lernst du,

- *was eine Variable ist und welche Arten es gibt.*
- *was Terme sind und welche Rolle sie für Gleichungen spielen.*
- *wie du Terme umformst.*
    - *Gleichungsketten*
    - *Äquivalenzumformungen*
- *wichtige Rechenregeln und -gesetze.*
    - *Kommutativ-, Assoziativ- und Distributivgesetz*
    - *Binomische Formeln*
    - *Potenz- und Wurzelgesetze*

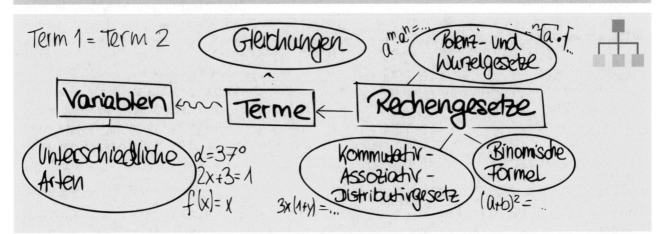

Beispielaufgaben aus diesem Kapitel

1. Vereinfache jeweils die folgenden Terme soweit wie möglich und notiere, welche Gesetze du angewandt hast.

   (a) $2x^2 \cdot (x + 3x)$

   (b) $0{,}231 \cdot 2 \cdot 7 \cdot \frac{1}{7}$

   (c) $13xy - 5yx$

   (d) $3x + (7x \cdot 2y)$

   (e) $4c + 7d + 2c - 8d$

   (f) $2i(3j + 3k(2i + 2j)$

2. Wende jeweils die 1. binomische Formel an und vereinfache ggfs. soweit wie möglich.

   (a) $(g + e)^2$

   (b) $(3c + 4de)^2$

3. Vereinfache die Terme soweit wie möglich und nutze dabei die Regeln der Potenz- und Wurzelrechnung.

   (a) $\dfrac{\sqrt[3]{t^3 \cdot t^5 \cdot t^{-2}}}{\sqrt[3]{t^5 \cdot t^{-2} \cdot t^3}}$

   (b) $\left(\sqrt[3]{12c + 15c}\right)^2$

Variablen und Terme

„Wert von x ein für alle Mal auf fünf festgesetzt. Experten schätzen, dass durch diese Maßnahme weltweit jährlich bis zu einer Milliarde Stunden Rechenarbeit eingespart werden können."

So verkünden die satirischen Postillon24-Nachrichten (s. rechts). Ein Traum aller Schülerinnen und Schüler. Aber Variablen sind wichtig, ohne sie funktioniert die Mathematik praktisch überhaupt nicht.

NDR
WERT VON X FESTGESETZT
x = 5
Postillon24 ANNE ROTHÄUSER
TICKER NUR DIE ROSINEN HERAUSGEPICKT: STOLLEN DROHT EINZUSTÜRZEN

Quelle: https://youtu.be/Q62X2IgPy3o

Arten von Variablen

Allgemeine Zahl	Unbekannte	Veränderliche
Die Variable steht für eine ganz allgemeine Zahl, z. B. in einer Formel deiner Formelsammlung.	Die Variable steht in einer Gleichung und ihr Wert ist unbekannt. Man kann sie ausrechnen, wenn man die Gleichung zu ihr umstellt.	Die Variable steht für viele verschiedene Werte gleichzeitig. Hierbei stehen dann mindestens zwei Variablen zueinander in Wechselwirkung.
Beispiel: Die Fläche eines Quadrats berechnet sich als b^2, wenn b die Kantenlänge ist. Hierbei b dann eine Variable und steht in diesem Fall für beliebige positive Werte.	Beispiel: Gegeben ist die Gleichung $2x - 1 = x + 3$. Hier kann man durch Ausprobieren oder Umformen den Wert von x ausrechnen. x ist also eine Unbekannte und übrigens gleich 4.	Beispiel: Gegeben ist eine Funktion f mit der Vorschrift $f(x) = 2x + 3$. Hier kann man x nicht einfach ausrechnen. Die Variable x steht für beliebige Werte, die man auch verändern kann. Für jedes x liefert die Funktion ein davon abhängiges $f(x)$. Für $x = 2$ ist z. B. $f(x) = 7$.

Egal welche Art von Variablen gerade vorliegt und was damit gemacht werden soll, sie kommen praktisch immer in Termen vor. Diese sind Mischungen aus Variablen und festen Zahlen und werden durch Rechenoperationen zusammengesetzt.

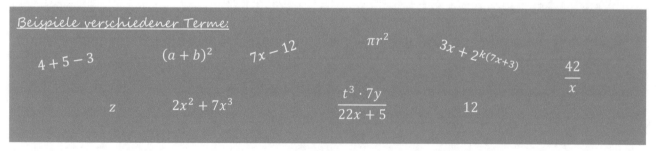

Beispiele verschiedener Terme:

$4 + 5 - 3$ $\quad$ $(a + b)^2$ $\quad$ $7x - 12$ $\quad$ πr^2 $\quad$ $3x + 2k(7x+3)$ $\quad$ $\dfrac{42}{x}$

z $\quad$ $2x^2 + 7x^3$ $\quad$ $\dfrac{t^3 \cdot 7y}{22x + 5}$ $\quad$ 12

Wofür so ein Term gut ist und wie man mit ihm operieren sollte, ergibt sich immer erst aus dem Kontext. Du siehst aber, dass Terme bereits aus einer einzelnen Zahl oder einer einzelnen Variablen bestehen können. Sie können aber auch beliebig komplex werden.

1. Der Flächeninhalt A eines Dreiecks berechnet sich nach der Formel $A = \frac{1}{2} \cdot g \cdot h$, wobei g eine Grundseite und h die zugehörige Höhe ist. Die Art einer Variablen hängt auch davon ab, wie eine Aufgabe gestellt ist. Löse zunächst und ordne jeweils eine der drei Arten zu:

(a) Wenn die Fläche eines Dreiecks 20 cm² beträgt und eine der Grundseiten g = 4 cm, wie groß ist dann die Höhe h?

(b) Ein Dreieck mit der Grundseite g und zugehöriger Höhe h wird zu einem Parallelogramm wie dargestellt erweitert. Finde eine passende Formel für den Flächeninhalt.

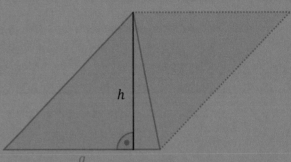

(c) Wie verändert sich die Fläche eines Dreiecks, wenn die Grundseite verdoppelt wird? Wie, wenn sie verdreifacht wird? Was passiert, wenn sie um eine Einheit erhöht wird?

2. Welche der folgenden Terme beschreiben immer denselben Wert und sind somit gleichwertig? Ordne jeweils zu.

$$\frac{8ax}{2} \qquad \frac{1}{2}(4a + 4x) \qquad (x + a)^2 \qquad -2(-a - x)$$

$$2x + 2a$$

$$4ax \qquad -2(a - x)$$

$$2(x + a)$$

$$2x \cdot 2a$$

 Indem du für die entsprechenden Variablen Werte *ausprobierst*, kannst du herausfinden, ob zwei Terme nicht gleichwertig sind (nämlich, wenn insgesamt unterschiedliche Zahlen herauskommen). Ob zwei Terme gleich sind, kannst du nur zeigen, indem du einen in den anderen *umformst*.

Gleichungen

In der vorangegangenen Aufgabe wurde bereits die Gleichwertigkeit von Termen thematisiert. Zwei Terme sind dabei gleichwertig, wenn sie für beliebige Werte aller vorkommenden Variablen immer den gleichen Wert annehmen. In diesem Fall hält man dies fest, indem man aus beiden Termen eine Gleichung bildet.

Eine **Gleichung** besteht aus zwei Termen und wird durch ein Gleichheitszeichen markiert. Hierbei kann die Gleichung eine **Aussage** darstellen (d. h., sie zeigt an, dass beide Terme wirklich gleichwertig sind) oder eine **Bedingung** (d. h., sie fragt danach, für welche Werte einer oder mehrerer Variablen diese Gleichheit gilt).

Formel zum Benutzen	Gleichung zum Lösen
Beispiel:	Beispiel:
Es gilt $a(b + c) = ab + ac$. Diese Gleichung bezeichnet man auch als Distributivgesetz. Es handelt sich um eine allgemeine Aussage, die für beliebige Zahlen a, b und c gilt.	Gegeben ist wieder die Gleichung $2x - 1 = x + 3$. Wenn man diese Gleichung als Bedingung voraussetzt, kann man durch Umformen oder Ausprobieren herausfinden, dass $x = 4$ die Lösung ist. Für alle anderen Werte von x gilt die Gleichheit nicht.

Äquivalenzumformungen zeichnen sich dadurch aus, dass hierbei die Lösung einer Gleichung nicht verändert wird. Mögliche Umformungen sind z. B. das Addieren und Subtrahieren derselben Terme auf beiden Seiten oder das Multiplizieren und Dividieren von Zahlen auf beiden Seiten (die aber natürlich nicht null sein dürfen). Bei **Kettengleichungen** formt man ausgehend von einem Anfangsterm durch jeweiliges Setzen eines Gleichheitszeichens immer weiter um. So bildet sich eine Gleichungskette der Form … = … = … = … usw.

Äquivalenzumformungen	Kettengleichungen
Äquivalenzumformungen sind besonders dann wichtig, wenn eine Gleichung vorliegt und man zur unbekannten Variablen auflösen möchte.	Kettengleichungen nutzt man i. d. R., wenn ein Term umgeformt werden soll, z. B., um ihn zu vereinfachen.
Beispiel:	Beispiel:
Gegeben ist wieder die Gleichung von oben. Auf beiden Seiten werden jeweils die gleichen Rechenoperationen vorgenommen. Das markiert man oft, indem man diese hinter einem vertikalen Strich neben die Gleichung schreibt.	Gegeben ist ein noch etwas kompliziert aussehender Term: $\frac{(2z + 9)y + 3y}{2}$. Mit verschiedenen Rechengesetzen (hier schauen wir später noch genauer drauf), kannst du nun den Term durch eine Kettengleichung umformen:

$$
\begin{aligned}
& 2x - 1 = x + 3 \quad | - x \\
\Leftrightarrow \quad & 2x - x - 1 = x - x + 3 \\
\Leftrightarrow \quad & x - 1 = 3 \quad | + 1 \\
\Leftrightarrow \quad & x = 4
\end{aligned}
$$

$$
\frac{(2z + 9)y + 3y}{2} = \frac{2zy + 9y + 3y}{2}
$$
$$
= \frac{2zy + 12y}{2} = zy + 6y
$$

Entscheide bei den folgenden Aufgaben zum Umformen von Termen bzw. Gleichungen jeweils, ob du mit Äquivalenzumformungen oder Kettengleichungen arbeitest – oder ob vielleicht beide Arbeitsweisen zum Ziel führen! Probiere dann aus, die Aufgabe zu lösen!

1. Bestimme die Lösung der Gleichung $3x - 7 = -2x + 8$.

2. Vereinfache den Term $\frac{20(x + 3y)}{10} + 3y - 2x$ soweit wie möglich.

3. Zeige, dass die Terme $\frac{8(2xy + 2y) + 2y}{2y}$ und $8x + 9$ gleichwertig sind, d. h., dass $\frac{8(2xy + 2y) + 2y}{2y} = 8x + 9$ gilt.

Rechengesetze

Beim Umgang mit Termen (und somit auch Gleichungen) gibt es verschiedene Rechengesetze, die du bereits aus der Schule kennst. Hierzu gehört z. B. die Regel „Punkt- vor Strichrechnung", d. h., es werden zuerst Operationen wie · und : und erst dann + und − verrechnet. Hierbei kann man die „Vorfahrtsregeln" auch mit Klammern ändern: Ausdrücke innerhalb von Klammern werden immer zuerst bearbeitet.

Außerdem gibt es die folgenden zentralen Regeln, die du wahrscheinlich schon in den letzten Aufgaben (vielleicht ohne die genauen Namen der Gesetze zu kennen) benutzt hast:

Kommutativgesetz	Assoziativgesetz	Distributivgesetz
Allgemeine Form:	Allgemeine Form:	Allgemeine Form:
$a + b = b + a$ $a \cdot b = b \cdot a$	$(a + b) + c = a + (b + c)$ $(a \cdot b) \cdot c = a \cdot (b \cdot c)$	$a \cdot (b + c) = a \cdot b + a \cdot c$
Beispiel: $3 + 7 = 7 + 3$ $2 \cdot 4 = 4 \cdot 2$ oder: $-2 + 5 = 5 + (-2)$ $4 \cdot (-5) = -5 \cdot 4$	Beispiel: $(3 + 7) + 4 = 3 + (7 + 4)$ $\Leftrightarrow 10 + 4 = 3 + 11$ $\Leftrightarrow 14 = 14 \checkmark$ $(3 \cdot 2) \cdot 5 = 3 \cdot (2 \cdot 5)$ $\Leftrightarrow 6 \cdot 5 = 3 \cdot 10$ $\Leftrightarrow 30 = 30 \checkmark$	Beispiel: $2 \cdot \big(5 + (-3)\big) = 2 \cdot 5 + 2 \cdot (-3)$ $\Leftrightarrow 2 \cdot (2) = 10 + (-6)$ $\Leftrightarrow 4 = 4 \checkmark$

 Die drei genannten Gesetze kannst du dir auch grafisch z. B. als Flächeninhalte oder Pfeillängen vorstellen, wenn alle Zahlen positiv sind:

Kommutativgesetz für ·	Assoziativgesetz für +	Distributivgesetz
Bei der Flächenberechnung von Rechtecken ist es egal, ob du $a \cdot b$ oder $b \cdot a$ rechnest.	Wenn du $a + b + c$ ausrechnest, ist es egal, welches + du zuerst betrachtest. $(x + y) + z$ $=$ $x + (y + z)$ Abbildung aus: https://commons.wikimedia.org/wiki/File:Associativity_of_real_number_addition.svg	Wir nehmen zwei Rechtecke − eines mit den Kantenlängen a und b, eines mit den Kantenlängen a und c und legen beide zusammen. $ab + ac = a(b+c)$

 Im Unterschied zum Kommutativgesetz und Assoziativgesetz gibt es beim Distributivgesetz nur eine Variante. Eine umgekehrte Version, also $a + (b \cdot c) = a + b \cdot a + c$ gibt es nicht! Probiere es doch einmal aus und setze für a, b und c drei Zahlen ein (und denke dabei an die Regel „Punkt- vor Strichrechnung").

1. Vereinfache jeweils die folgenden Terme soweit wie möglich und notiere, welche Gesetze du angewandt hast.

(a) $2x^2 \cdot (x + 3x)$

(b) $0{,}231 \cdot 2 \cdot 7 \cdot \frac{1}{7}$

(c) $13xy - 5yx$

(d) $3x + (7x \cdot 2y)$

(e) $4c + 7d + 2c - 8d$

(f) $2i(3j + 3k(2i + 2j)$

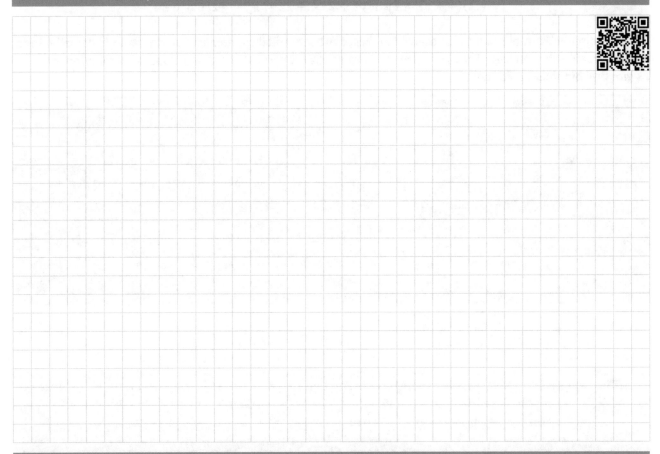

2. Links hast du eine grafische Veranschaulichung des Kommutativgesetzes für $\cdot$ und des Assoziativgesetzes für $+$ gesehen. Überlege dir, wie man das Kommutativgesetz für $+$ und das Assoziativgesetz für $\cdot$ veranschaulichen kann.

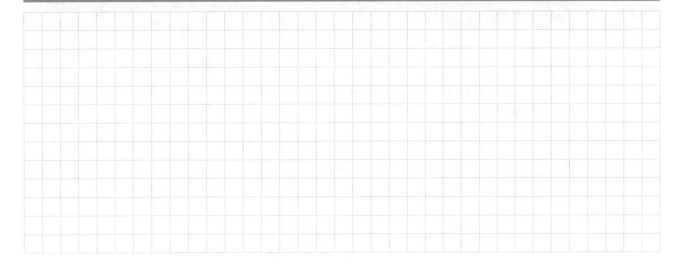

Binomische Formeln

Wenn man einen Term wie $(y + 2)(4 + z)$ vereinfachen möchte, gilt die Regel „Alles mit allem multiplizieren", d. h., jeder Summand muss jeweils mit jedem anderen Summanden multipliziert werden. Man erhält also:

$$(y + 2)(4 + z) = 4y + yz + 2 \cdot 4 + 2z = 4y + yz + 8 + 2z$$

Die binomischen Formeln sind bei Spezialfällen dieser Art sehr nützlich, nämlich, wenn zweimal derselbe (oder zumindest ein sehr ähnlicher Term) mit sich selbst multipliziert wird, also z. B. ein Quadrat vorhanden ist. Es gibt drei binomische Formeln:

Für Zahlen a und b gelten die folgenden drei sog. binomischen Formeln:

1. binomische Formel	2. binomische Formel	3. binomische Formel
Allgemeine Form:	Allgemeine Form:	Allgemeine Form:
$(a + b)^2 = a^2 + 2ab + b^2$	$(a - b)^2 = a^2 - 2ab + b^2$	$(a + b)(a - b) = a^2 - b^2$
Beispiel:	Beispiel:	Beispiel:
$(3x + 4b)^2$	$(2c - 3d)^2$	$(3v + w)(3v - w)$
$= (3x)^2 + 2 \cdot 3x \cdot 4b + (4b)^2$	$= (2c)^2 - 2 \cdot 2c \cdot 3d + (3d)^2$	$= (3v)^2 - w^2$
$= 9x^2 + 24xb + 16b^2$	$= 4c^2 - 12cd + 9d^2$	$= 9v^2 - w^2$

Die binomischen Formeln benötigt man nur, wenn auch Variablen im Term vorkommen, ansonsten kann man ja auch direkt ausrechnen, z.B. $(2 + 3)^2 = 5^2 = 25$.

Oben haben wir die binomischen Formeln immer „vorwärts" angewendet. Oft ist es auch nützlich diese „rückwärts" zu benutzen. Hierbei ist es dann ein bisschen kniffliger zu erkennen, dass eine binomische Formel angewendet werden kann.

Beispiel:
$25x^2 - 50xy + y^2 \leftarrow$ hier kann die 2. Binomische Formel angewendet werden, aber eben rückwärts!
$25x^2 - 50xy + y^2 = (5x)^2 - 2 \cdot 25x \cdot y + y^2 = (5x - y)^2$
Je nach Situation kann es sinnvoll sein, einen solchen Term wieder in die Form $(a - b)^2$ umzuwandeln.

Grafische Begründung

Wie bereits die bisherigen Rechengesetze kann man auch die binomischen Formeln grafisch veranschaulichen und begründen. Für die erste binomische Formel ist das besonders einfach. Versuche es einmal und nutze hierzu nebenstehende Skizze.

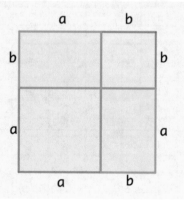

3. Wende jeweils die 1. binomische Formel an und vereinfache ggfs. soweit wie möglich.
   (a) $(g + e)^2$ 　　　　　　　　　　　　　 (b) $(3c + 4de)^2$

4. Wende jeweils die 2. binomische Formel an und vereinfache ggfs. soweit wie möglich.
   (a) $(g - e)^2$ 　　　　　　　　　　　　　 (b) $(-2c - 7de)^2$

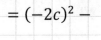

$$= (-2c)^2 -$$

5. Wende jeweils die 3. binomische Formel an und vereinfache ggfs. soweit wie möglich.
   (a) $(i - j)(i + j)$ 　　　　　　　　　　　 (b) $3(3i - 4j)(3i + 4j)$

6. Überlege dir nun selber, welche binomische Formel sinnvoll ist. Oft funktionieren verschiedene, manchmal musst du sie „rückwärts" oder mehrmals hintereinander benutzen oder aber die Reihenfolge der Summanden ändern.
   (a) $(2a - 7b)^2$ 　　　　　　 (b) $7a^2 - 49c^2$ 　　　　　　 (c) $(10m - (m + 1)^2)^2$

Potenzgesetze

Eine Potenz ist eigentlich nur eine Kurzschreibweise für wiederholtes Multiplizieren:

Einen Term der Form a^b heißt **Potenz**. Hierbei ist a die **Basis** und b der **Exponent**.

Wenn b eine positive ganze Zahl ist, steht a^b dann für $\underbrace{a \cdot a \cdot a \cdot \ldots \cdot a.}_{b\text{-mal}}$

Außerdem gilt immer: $a^0 = 1$, $a^1 = a$ und $1^b = 1$.

Beispiel:

- $7^0 = 1$
- $7^1 = 7$
- $7^2 = 7 \cdot 7 = 49$
- $7^3 = 7 \cdot 7 \cdot 7 = 49 \cdot 7 = 343$
- $7^4 = 7 \cdot 7 \cdot 7 \cdot 7 = 343 \cdot 7 = 2401$

- $z^0 = 1$
- $z^1 = z$
- $z^2 = z \cdot z$
- $z^3 = z \cdot z \cdot z$
- $z^4 = z \cdot z \cdot z \cdot z$

Die Basis b kann auch negativ sein, z.B. $(-2)^3 = (-2) \cdot (-2) \cdot (-2) = -8$ oder $(-2)^4 = (-2) \cdot (-2) \cdot (-2) \cdot (-2) = 16$.
Also: Wenn b negativ ist und der Exponent ungerade, ist der Wert der Potenz negativ; wenn b negativ ist und der Exponent gerade, ist der Wert der Potenz positiv.
Und Achtung: Wenn keine Klammer gesetzt wird, gehört das Minuszeichen nicht zur Basis: $-4^3 = -(4^3) = -(4 \cdot 4 \cdot 4) = -64$.

Wenn mehrere Potenzen in einem Term auftreten oder der Exponent keine positive ganze Zahl ist, kann man die folgenden Regeln zum Rechnen mit Potenzen nutzen.

Allgemeine Regel:	Beispiel:
$a^m \cdot a^n = a^{m+n}$	$3^5 \cdot 3^7 = 3^{12}$ oder $x^4 \cdot x^5 = x^9$
$(a^n)^m = a^{n \cdot m}$	$(2^3)^4 = 2^{3 \cdot 4} = 2^{12}$ oder $(z^2)^3 = z^{2 \cdot 3} = z^6$
$a^n \cdot b^n = (a \cdot b)^n$	$3^5 \cdot 4^5 = (3 \cdot 4)^5 = 12^5$ oder $x^4 \cdot y^4 = (x \cdot y)^4$
$a^{-n} = \dfrac{1}{a^n}$	$3^{-5} = \dfrac{1}{3^5} = \dfrac{1}{243}$ oder $y^{-5} = \dfrac{1}{y^5}$
$\dfrac{a^n}{a^m} = a^{n-m}$	$\dfrac{2^4}{2^3} = 2^{4-3} = 2^1 = 2$ oder $\dfrac{x^5}{x^3} = x^{5-3} = x^2$

Mach's dir klar!
Viele Leute kommen bei den unterschiedlichen Potenzgesetzen durcheinander. Wenn du dir einmal unsicher bist, ob du eine der Regeln richtig im Kopf hast, kannst du dich immer auf die Grundidee der Potenzrechnung rückbesinnen: a^b ist nur eine Kurzschreibweise dafür, dass a b-mal mit sich selbst multipliziert wird:
Was war noch mal richtig? $x^4 \cdot x^3 = x^{4 \cdot 3}$ oder $x^4 \cdot x^3 = x^{4+3}$?
$x^4 = x \cdot x \cdot x \cdot x$ und $x^3 = x \cdot x \cdot x$, also ist $x^4 \cdot x^3 = \cdots$?

1. Vereinfache die folgenden Terme mithilfe der Potenzgesetze soweit wie möglich.

(a) $x^4 \cdot x^3 \cdot x^2$ (b) $(z^3 \cdot z^5)^4$ (c) $\dfrac{y^3}{y^5}$

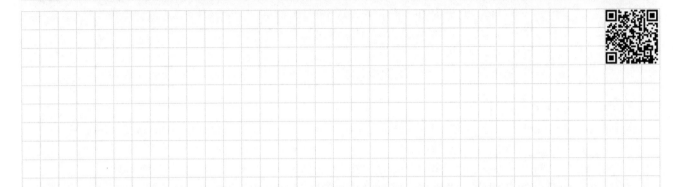

2. Welche Terme sind gleich u^5?

$\dfrac{1}{u^{-5}}$ $u^2 \cdot u^3$ $\dfrac{1}{u^5}$ $(u^3)^2$ $\dfrac{u^{12}}{u^7}$

$\dfrac{u^8 \cdot u^3}{u^6}$ $u^2 + u^3$ $\dfrac{u \cdot u \cdot u \cdot u \cdot u \cdot u \cdot u}{u^2}$ $u^{-2} \cdot u^7$ $u^{2,5} \cdot u^{2,5}$

3. Schreibe den Term y^k möglichst kompliziert. Überprüfe deine Lösung, indem du Werte für y und k einsetzt und vergleichst.

Wurzelgesetze

Die Wurzelrechnung ist die Umkehrung der Potenzrechnung:

Die n-te Wurzel von b ist die positive Lösung a der Gleichung $a^n = b$.
Man schreibt dafür auch $\sqrt[n]{b} = a$ und spricht „n-te Wurzel aus b".
Es gilt immer $\sqrt[1]{b} = b$.
Für die 2. Wurzel lässt man die Zahl über der Wurzel auch weg, also $\sqrt[2]{b} = \sqrt{b}$.

Mach's im Kopf!
Wenn man diese Definition benutzt, kann man Wurzeln oft leicht im Kopf bestimmen.
Beispiel 1: Wie lautet $\sqrt[3]{1000}$?
Gesucht ist also die positive Zahl a, die die Gleichung $a^3 = a \cdot a \cdot a = 1000$ löst.
Hier kann man nicht weiter umformen. Versuche es durch Ausprobieren!
Beispiel 2: Was ist die n-te Wurzel aus 1 für beliebige Zahlen n? Versuche genauso wie eben vorzugehen.

Potenz- und Wurzelrechnung hängen eng zusammen. Es gilt nämlich: $b^{\frac{a}{n}} = \sqrt[n]{b^a}$.

Noch bekannter ist der Spezialfall, der sich aus der Formel für $a = 1$ ergibt: $b^{\frac{1}{n}} = \sqrt[n]{b}$.
Jede Wurzel kann also in eine Potenz und jede Potenz in eine Wurzel umgeformt werden!
Wenn du in der Formel oben auf beiden Seiten hoch n nimmst, ergibt sich außerdem:
$\left(\sqrt[n]{b}\right)^n = \left(b^{\frac{1}{n}}\right)^n = b^{\frac{n}{n}} = b^1 = b$, d. h., eine Potenz und Wurzel mit denselben Werten heben sich gegenseitig auf. Dabei ist es egal, ob erst die Wurzel oder erst die Potenz gebildet wird.

Auch bei der Wurzelrechnung gelten bestimmte Gesetze:

Allgemeine Regel:	Beispiel:
$\sqrt[n]{a} \cdot \sqrt[n]{b} = \sqrt[n]{a \cdot b}$	$\sqrt[3]{5} \cdot \sqrt[3]{7} = \sqrt[3]{5 \cdot 7} = \sqrt[3]{35}$ oder $\sqrt[2]{x} \cdot \sqrt[2]{y} = \sqrt[2]{x \cdot y}$
$\dfrac{\sqrt[n]{a}}{\sqrt[n]{b}} = \sqrt[n]{\dfrac{a}{b}}$	$\dfrac{\sqrt[3]{6}}{\sqrt[3]{9}} = \sqrt[3]{\dfrac{6}{9}} = \sqrt[3]{\dfrac{2}{3}}$ oder $\dfrac{\sqrt[4]{i}}{\sqrt[4]{j}} = \sqrt[4]{\dfrac{i}{j}}$
$\sqrt[n]{\sqrt[m]{a}} = \sqrt[n \cdot m]{a}$	$\sqrt[3]{\sqrt[2]{4}} = \sqrt[3 \cdot 2]{4} = \sqrt[6]{4}$ oder $\sqrt[2]{\sqrt[2]{y}} = \sqrt[2 \cdot 2]{y} = \sqrt[4]{y}$
$\left(\sqrt[n]{a}\right)^m = \sqrt[n]{a^m}$	$\left(\sqrt[2]{7}\right)^4 = \sqrt[2]{7^4} = \sqrt[2]{2401} = 49$ oder $\left(\sqrt[7]{z}\right)^7 = \sqrt[7]{z^7} = z$

Ein beliebter Fehler ist es, die Wurzel bei einer Summe ähnlich wie im ersten Gesetz aufzuteilen.
Die Rechnung $\sqrt[3]{a + b} = \sqrt[3]{a} + \sqrt[3]{b}$ ist auf jeden Fall falsch!

Zusammen mit der Potenzrechnung können wir nun auch kompliziertere Aufgaben lösen, z. B. den folgenden Term vereinfachen:

$$\frac{\sqrt[3]{b^3 \cdot b^2}}{\sqrt[3]{b^5}} = \sqrt[3]{\frac{b^3 \cdot b^2}{b^5}} = \sqrt[3]{\frac{b^5}{b^5}} = \sqrt[3]{1} = 1$$

1. Vereinfache die folgenden Terme mithilfe der Wurzelgesetze soweit wie möglich.

   (a) $\sqrt[4]{a} \cdot \sqrt[4]{b} \cdot \sqrt[4]{c}$

   (b) $\dfrac{\sqrt[3]{81}}{\sqrt[3]{3}}$

   (c) $\left(\sqrt[3]{32}\right)^2$

2. Finde für die folgenden Lücken ■ Zahlen, sodass die Gleichung stimmt.

   (a) $\sqrt[25]{c} = \left(\sqrt[\blacksquare]{c}\right)^5$

   (b) $\dfrac{\sqrt[12]{x}}{\sqrt[\blacksquare]{y}} = \sqrt[\blacksquare]{\dfrac{x}{y}}$

   (c) $\dfrac{\blacksquare}{\sqrt{p}} = p^2$

3. Vereinfache die Terme soweit wie möglich und nutze dabei die Regeln der Potenz- und Wurzelrechnung.

   (a) $\dfrac{\sqrt[3]{t^3 \cdot t^5 \cdot t^{-2}}}{\sqrt[3]{t^5 \cdot t^{-2} \cdot t^3}}$

   (b) $\left(\sqrt[3]{12c + 15c}\right)^2$

Übungsmix

1. Was für eine Art einer Variablen stellt das Symbol ■ in Aufgabe 2 der vorangegangenen Seite dar?

2. Nenne jeweils den Namen des Gesetzes, das die folgende Rechenregel erlaubt.
   (a) $3 \cdot 7 = 7 \cdot 3$
   (b) $12(1 + 4) = 12 \cdot 1 + 12 \cdot 4$
   (c) $7 + 3 + 4 + 2 = 7 + 7 + 2$

3. Welche Kantenlänge hat ein Würfel, der 216 m³ Wasser fasst? Mache dir die Wurzelrechnung zunutze.

4. Finde jeweils den Fehler in den folgenden Rechnungen.
   (a) $\sqrt[3]{27 + y^3} = \sqrt[3]{27} + \sqrt[3]{y^3} = \sqrt[3]{3^3} + y = 3 + y$
   (b) $\left(\sqrt{4c} + \sqrt{d}\right)^2 = \left(2\sqrt{c} + \sqrt{d}\right)^2 = \left(2\sqrt{c}\right)^2 + \sqrt{d}^2 = 4c + d$
   (c) $a^5 \cdot (a^{-6} + a) = (a^5 \cdot a^{-6} + a) = a^{-1} + a = \frac{1}{a} + a = \frac{a}{a} = 1$

5. Wende jeweils eine passende binomische Formel an.
   (a) $(x + (x + z))^2$
   (b) $(x - (x + z))^2$
   (c) $(5x + 4)(5x - 4)$
   (d) $4c^2 + 16cj + 16j^2$
   (e) $d^2 - (x + 1)^2$
   (f) $(12a - 7a) \cdot (12a + 7a)$

6. Wende die Potenzgesetze zur Vereinfachung der folgenden Terme an.
   (a) $\frac{26 \cdot 5^m - 5^m}{5^{m+2}}$
   (b) $\frac{(15x^2y^{-3})^{-4}}{(25x^3y^{-6})^{-2}}$
   (c) $\frac{a^n + 2a^{n-1}}{a^{n-2} + 2a^{n-3}}$
   (d) $\left(\frac{a^2b}{cd^3}\right)^3 : \left(\frac{ab^2}{c^2d^2}\right)^4$

7. Schreibe die folgenden Terme als einfache Potenz der Form a^b.
   (a) $\frac{\sqrt{6}}{6^3}$
   (b) $\sqrt[4]{\frac{\sqrt[3]{2}}{2^{-\frac{1}{3}}}}$
   (c) $\sqrt[5]{\sqrt[3]{\sqrt[1]{81}}}$
   (d) $\sqrt[100]{2^{10}}$
   (e) $\sqrt[42]{\sqrt{\sqrt{\sqrt{256}}} + \sqrt[\sqrt{4}]{\frac{2^{2^2}}{\sqrt{7^{\sqrt{5} - \sqrt{5}}}}}}$

In diesem Kapitel lernst du,

- *Äquivalenzumformungen von anderen Umformungen zu unterscheiden.*
- *die Probe als Kontrollmöglichkeit anzuwenden.*
- *quadratische Gleichungen auf unterschiedlichen Wegen zu lösen:*
  - *mit der quadratischen Ergänzung,*
  - *mit einer Lösungsformel („p/q-Formel").*
- *den Umgang mit Kreisgleichungen.*
- *das Einsetzungsverfahren für kleine lineare Gleichungssysteme.*
- *größere lineare Gleichungssysteme mit dem Additionsverfahren zu lösen.*

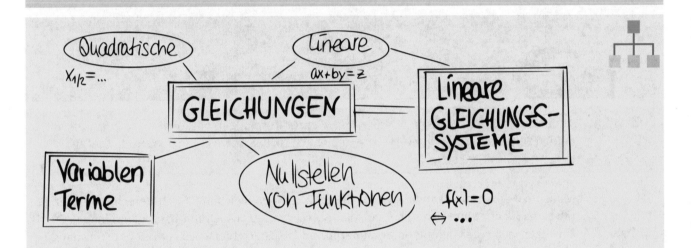

Beispielaufgaben aus diesem Kapitel

1. Löse die Gleichungen mithilfe von Äquivalenzumformungen.

   (a) $8x + 13 = 5x + 22$ (b) $\frac{1}{3}x^2 - \frac{4}{3}x = 7$

   (c) $x^2 - 4 = (3x - 1) \cdot (x + 2)$ (d) $3x^2 - 2x = (3x - 2) \cdot (x + 1)$

2. Für welche Werte von γ hat die Gleichung $2x^2 + \gamma x - \frac{5}{3} = 0$

   (a) zwei Lösungen?   (b) genau eine Lösung?   (c) keine Lösung?

3. Die Gerade $x = 3$ ist Sekante des Kreises $(x - 2)^2 + (y - 4)^2 = 4$.
   - (a) Bestimme die Schnittpunkte von Kreis und Sekante.
   - (b) Bestimme die Tangenten, die in den Schnittpunkten am Kreis anliegen.
   - (c) Bestimme den Schnittpunkt der beiden Tangenten.

4. Löse das angegebene Gleichungssystem.

   (a) $\begin{array}{rcrcl} 2x & - & 5y & = & -6 \\ -3x & + & y & = & -4 \end{array}$ (b) $\begin{array}{rcrcrcr} -x & + & 7y & - & z & = & 5 \\ 4x & - & y & + & z & = & 1 \\ 5x & - & 3y & + & z & = & -1 \end{array}$

Gleichungen umformen, Gleichungen lösen, die Probe machen

In Kapitel 4 haben wir Äquivalenzumformungen für Gleichungen vorgestellt. Bei Äquivalenzumformungen bleibt die „Lösungsmenge" der Gleichung (die Gesamtheit aller Lösungen) *unverändert*. Du darfst

- auf beiden Seiten der Gleichung denselben Term addieren oder subtrahieren oder
- beide Seiten der Gleichung mit derselben Zahl (außer 0) multiplizieren bzw. durch dieselbe Zahl dividieren.

Wenn du eine Gleichung allerdings auf beiden Seiten quadrierst, kann sich die Lösungsmenge verändern, da dabei im Allgemeinen Lösungen hinzukommen:

$x = 3$ $\quad$ | Quadrieren $x^2 = 9$	$-4 = x^2$ $\quad$ | Quadrieren $16 = x^4$	$x = y$ $\quad$ | Quadrieren $x^2 = y^2$
Die erste Gleichung hat nur die Lösung $x = 3$, nach dem Quadrieren ist auch $x = -3$ eine Lösung.	Die erste Gleichung hat keine Lösung (Quadrate sind immer positiv), nach dem Quadrieren sind $x = 2$ und $x = -2$ Lösungen.	Die erste Gleichung wird von allen Zahlenpaaren (x, y) mit $x = y$ gelöst, die zweite aber zusätzlich von allen mit $x = -y$.

Anders als bei den oben genannten Äquivalenzumformungen verändert das Quadrieren von beiden Seiten einer Gleichung im Allgemeinen die Lösungsmenge. Die quadrierte Gleichung hat in der Regel mehr Lösungen.

Manchmal erhält man Kandidaten für die Lösung einer Gleichung durch Berechnung oder geschicktes Raten, ohne sich sicher zu sein, ob es sich tatsächlich um Lösungen handelt. Durch Einsetzen in die Gleichung kannst du überprüfen, ob es sich tatsächlich um eine Lösung handelt.

Die Lösungen der folgenden Gleichungen sind unter den Zahlen -1, 2, 5 und 8.		
$2x + 1 = 3x + 2$	$x^2 - 10x + 20 = 4$	$x^2 - 4x + 2 = -2$
$2 \cdot (-1) + 1 = 3 \cdot (-1) + 2$ $2 \cdot 2 + 1 \neq 3 \cdot 2 + 2$ $2 \cdot 5 + 1 \neq 3 \cdot 5 + 2$ $2 \cdot 8 + 1 \neq 3 \cdot 8 + 2$	$(-1)^2 - 10 \cdot (-1) + 20 \neq 4$ $2^2 - 10 \cdot 2 + 20 = 4$ $5^2 - 10 \cdot 5 + 20 \neq 4$ $8^2 - 10 \cdot 8 + 20 = 4$	$(-1)^2 - 4 \cdot (-1) + 2 \neq -2$ $2^2 - 4 \cdot 2 + 2 = -2$ $5^2 - 4 \cdot 5 + 2 \neq -2$ $8^2 - 4 \cdot 8 + 2 \neq -2$
Die Zahl -1 ist eine Lösung der Gleichung, die anderen Zahlen nicht.	Die Zahlen 2 und 8 sind Lösungen der Gleichung, die anderen Zahlen nicht.	Die Zahl 2 ist eine Lösung der Gleichung, die anderen Zahlen nicht.

Bei der **Probe** überprüft man, ob ein Kandidat für eine Lösung tatsächlich eine Lösung ist. Beim Lösen von Gleichungen setzt du die Zahlen, die – aus welchem Grund auch immer – für dich infrage kommen, für die Lösungsvariable ein. Wenn die Gleichung, die sich daraus ergibt, stimmt, handelt es sich bei der jeweiligen Zahl um eine Lösung, sonst nicht.

Wichtig: Mit der Probe kannst du *nicht* ausschließen, dass es weitere Lösungen gibt.

1. Löse die Gleichungen mithilfe von Äquivalenzumformungen.

    (a) $8x + 13 = 5x + 22$ (b) $-x + 7 = 1 - 4x$

    (c) $\frac{2}{5}x + \frac{1}{2} = \frac{7}{10}x + \frac{3}{10}$ (d) $\frac{7}{4} - \frac{2}{9}x = -\frac{13}{12}x + \frac{1}{36}$

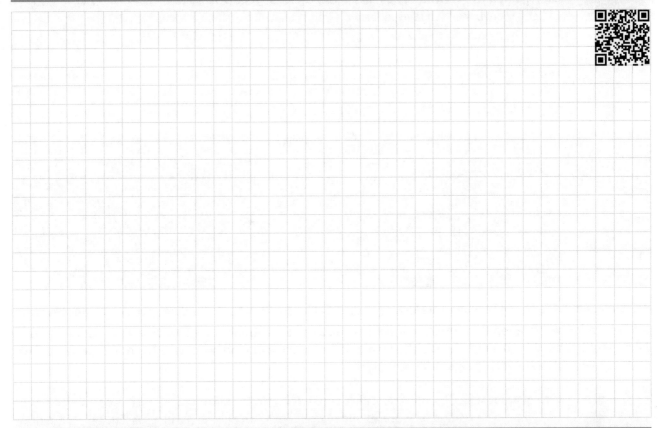

2. Überprüfe durch eine Probe, ob -3, $\frac{1}{5}$ oder 4 Lösungen der folgenden Gleichungen sind.

    (a) $\frac{1}{2}x^2 + \frac{14}{10}x - \frac{8}{10} = -\frac{1}{2}$ (b) $x^4 - 3x^2 = 16x$

Unterschiedliche Arten von Gleichungen, Lösungskonstellationen

Gleichungen, bei denen die Lösungsvariablen nur in der ersten Potenz ($x^1 = x$) und mit einer Zahl multipliziert auftreten, heißen **lineare Gleichungen** (Beispiel: $2 + 3x = 5 - 7x$). Gleichungen, bei denen die Lösungsvariablen zusätzlich auch in der zweiten Potenz (x^2) auftreten, heißen **quadratische Gleichungen** (Beispiel: $5x - 7 + 13x^2 = 2 - 9x$).

Bei linearen und quadratischen Gleichungen kannst du durch Äquivalenzumformungen alle Variablen auf eine Seite bringen. Zusätzlich kannst du dafür sorgen, dass auf der anderen Seite null steht und dass vor der höchsten Potenz der Lösungsvariable der Faktor 1 steht.

$$
\begin{aligned}
5x - 7 + 13x^2 &= 2 - 9x & &| + 9x \\
14x - 7 + 13x^2 &= 2 & &| - 2 \\
14x - 9 + 13x^2 &= 0 & &| : 13 \\
\frac{14}{13}x - \frac{9}{13} + x^2 &= 0 & & \\
x^2 + \frac{14}{13}x - \frac{9}{13} &= 0 & &
\end{aligned}
$$

$$
\begin{aligned}
2 + 3x &= 5 - 7x & &| + 7x \\
2 + 10x &= 5 & &| - 5 \\
-3 + 10x &= 0 & &| : 10 \\
-\frac{3}{10} + x &= 0 & & \\
x - \frac{3}{10} &= 0 & &
\end{aligned}
$$

Bei der linearen Gleichung kann man die Lösung $\frac{3}{10}$ direkt ablesen. Dies wäre allerdings noch einfacher gewesen, wenn man bei der zweiten Umformung auf beiden Seiten zwei subtrahiert und anschließend ebenfalls durch zehn geteilt hätte. Für quadratische Gleichungen erhält man so aber eine normierte Form, für die wir auf der nächsten Doppelseite zwei Lösungsverfahren zeigen.

Jede quadratische Gleichung lässt sich durch Äquivalenzumformungen auf die **normierte Form** $x^2 + px + q = 0$ bringen, wobei p und q zwei reelle Zahlen sind. Lösungsverfahren für quadratische Gleichungen können daher grundsätzlich von dieser Form ausgehen.

Während man bereits am obigen Beispiel erkennen kann, dass lineare Gleichungen mit einer Lösungsvariablen stets genau eine Lösung haben, können quadratische Gleichungen keine, eine oder zwei Lösungen haben.

$x^2 + 9 = 0$	$x^2 = 0$	$x^2 - 9 = 0$
Die Gleichung hat keine Lösung, da das Quadrat reeller Zahlen nicht negativ, also nicht -9 sein kann.	Die Gleichung hat nur die Lösung 0, da das Quadrat aller anderen reellen Zahlen größer als null ist.	Die Gleichung hat nur die Lösungen -3 und 3, wie man durch Einsetzen überprüfen kann.

Es gibt natürlich auch Gleichungen höherer Ordnung, also Gleichungen, bei denen die Lösungsvariable in höheren Potenzen auftritt, wie etwa $5x^3 - 2x + 6x^2 = -8$ oder $7x^4 = 4x^2 + 3x - 9$. Solange die höchste Potenz dabei nicht größer als 4 wird, gibt es für sie sogar geschlossene Lösungsformeln, die „Cardan'schen Formeln"; bei höheren Potenzen kann man Lösungen dagegen in der Regel nur noch näherungsweise berechnen.

Lineare Gleichungen haben höchstens eine, quadratische höchstens zwei Lösungen. Dieser „Trend" setzt sich fort, d. h. eine Gleichung, in der nur Potenzen der Lösungsvariablen auftreten und als höchste Potenz x^n enthält, hat höchstens n Lösungen **(Fundamentalsatz der Algebra)**.

1. Löse die Gleichungen.

    (a) $3x^2 - 2x = (3x - 2) \cdot (x + 1)$ (b) $x^2 - 2x + 1 = 0$

    (c) $(x - 3) \cdot (2x + 1) = (x - 3) \cdot (2 - 2x)$ (d) $\frac{1}{6} \cdot (x + 2) = (x + 2)^2$

Das Produkt zweier Terme ist genau dann null, wenn einer der beiden Terme null ist. **Faktorisiere!**

2. Benutze die binomischen Formeln und löse die Gleichungen.

    (a) $x^2 - \frac{4}{3}x = -\frac{4}{9}$ (b) $4x^2 + 1 = -4x$ (c) $x^2 - 4 = (3x - 1) \cdot (x + 2)$

Quadratische Ergänzung und die p-q-Formel

Die zugrundeliegende Idee bei der Lösung quadratischer Gleichungen ist die Rückführung auf die erste (oder zweite) binomische Formel. Betrachten wir dazu ein einfaches Beispiel.

<u>Gesucht:</u> Lösungen der Gleichung $2x^2 + 3x + 9 = 3 - 5x$

<u>Lösung:</u> Zunächst bringen wir die Gleichung in die normierte Form:

$$2x^2 + 3x + 9 = 3 - 5x \qquad | -3 + 5x$$
$$2x^2 + 8x + 6 = 0 \qquad | : 2$$
$$x^2 + 4x + 3 = 0$$

Schauen wir uns die normierte Form an, fällt die Ähnlichkeit zur ersten binomischen Formel auf:

$$(x + b)^2 = x^2 + 2 \cdot b \cdot x + b^2 \qquad \text{1. binomische Formel}$$

Was uns fehlt ist das b. Aus dem Mittelterm folgt nämlich gerade $b = 2$ und $b^2 = 4 \neq 3$. Glücklicherweise wollen wir ja eine Gleichung lösen, dürfen also einfach auf beiden Seiten den gewünschten Term addieren:

$$x^2 + 4x + 3 = 0 \qquad | + 1$$
$$x^2 + 2 \cdot 2 \cdot x + 2^2 = 1 \qquad | \text{1. binomische Formel benutzen}$$
$$(x + 2)^2 = 1 \qquad | \text{Wurzel ziehen}$$
$$x + 2 = \pm 1 \qquad | -2$$
$$x = -1 \text{ oder } x = -3$$

Die Gleichung hat also die beiden Lösungen $x = -1$ und $x = -3$.

Da man bei diesem Verfahren gerade den quadratischen Term ergänzen muss, nennt man es die **Methode der quadratischen Ergänzung**. Wendet man die Methode auf die allgemeine normierte Form $x^2 + px + q = 0$ an, erhält man eine allgemeine Lösungsformel, an der man auch die Zahl der Lösungen ablesen kann.

Die p-q-Formel

Die Lösungen einer quadratischen Gleichung in der normierten Form $x^2 + px + q = 0$ sind

$$x_{1/2} = -\frac{p}{2} \pm \sqrt{\mathcal{D}} \quad \text{mit} \quad \mathcal{D} = \left(\frac{p}{2}\right)^2 - q.$$

Insbesondere gilt für die *Diskriminante* $\mathcal{D}$:

$\mathcal{D} > 0$: zwei Lösungen $\qquad \mathcal{D} = 0$: eine Lösung $\qquad \mathcal{D} < 0$: keine Lösung

<u>Beispiel:</u> Löse die Gleichung $4x^2 - 28x + 13 = 0$.

<u>Lösung:</u> Für die normierte Form teilen wir die Gleichung auf beiden Seiten durch vier.

$$x^2 - 7x + \frac{13}{4} = 0 \qquad \text{also} \qquad p = -7 \text{ und } q = \frac{13}{4}.$$

Mit der p-q-Formel folgt

$$x_1 = -\frac{-7}{2} - \sqrt{\left(\frac{-7}{2}\right)^2 - \frac{13}{4}} = \frac{7}{2} - \frac{6}{2} = \frac{1}{2} \quad \text{und} \quad x_2 = -\frac{-7}{2} + \sqrt{\left(\frac{-7}{2}\right)^2 - \frac{13}{4}} = \frac{7}{2} + \frac{6}{2} = \frac{13}{2}.$$

1. Löse die Gleichungen mit der quadratischen Ergänzung und der p-q-Formel.

    (a) $x^2 + 3 = -4x$ (b) $x^2 + 5x = 2x - 4$

    (c) $\frac{3}{2}x^2 - 8x + 9 = 5 - 3x$ (d) $\frac{1}{3}x^2 - \frac{4}{3}x = 7$

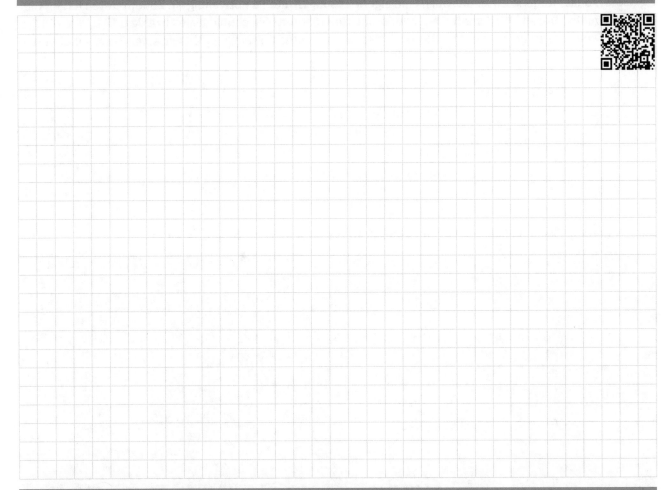

2. Für welche Werte von γ hat die Gleichung $3x^2 + \gamma x - \frac{9}{2} = 0$

    (a) zwei Lösungen?   (b) genau eine Lösung?   (c) keine Lösung?

Weitere Gleichungen und Gleichungssysteme

Neben den bisher behandelten Gleichungen gibt es natürlich noch viele andere, wie Wurzelgleichungen (Beispiel: $\sqrt{2x-4} = x-1$) oder Exponentialgleichungen (Beispiel: $2^x = 5 \cdot 3^{2x-3}$). Jede hat ihre eigenen Schwierigkeiten, sodass für jede Gleichung auch eine eigene Lösungsstrategie notwendig ist. Zudem treten häufig Gleichungen mit mehreren Unbekannten auf oder es müssen mehrere Gleichungen gleichzeitig erfüllt, also ein System von Gleichungen gelöst werden. Als ein erstes, prominentes Beispiel werfen wir einen Blick auf die Kreisgleichung.

Kreisgleichung

Jeder Kreis hat einen Mittelpunkt $M(x_m \mid y_m)$ und einen Radius $r > 0$. Der zugehörige Kreis K ist die Menge aller Punkte $(x \mid y)$, deren Abstand vom Mittelpunkt M genau r beträgt.

Mit dem Satz von Pythagoras folgt gerade

$$K: \quad (x - x_m)^2 + (y - y_m)^2 = r^2.$$

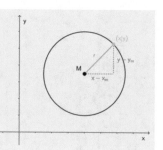

Zur Erinnerung: Flächeninhalt und Umfang eines Kreises sind $A = \pi \cdot r^2$ bzw. $U = 2\pi \cdot r$.

Oft hat man eine Gleichung gegeben, die auf den ersten Blick nicht nach einer Kreisgleichung aussieht, wie zum Beispiel: $\qquad x^2 - 3x + y^2 = 10y - 5$

Mit quadratischer Ergänzung lässt sich das aber ändern:

$$x^2 - 3x + y^2 = 10y - 5 \qquad \mid -10y + 5$$

$$x^2 - 3x + y^2 - 10y + 5 = 0 \qquad \mid \text{quadratische Ergänzung}$$

$$x^2 - 2 \cdot \frac{3}{2}x + \left(\frac{3}{2}\right)^2 + y^2 - 2 \cdot 5y + 5^2 + 5 = \left(\frac{3}{2}\right)^2 + 5^2 \qquad \mid -5$$

$$\left(x - \frac{3}{2}\right)^2 + (y - 5)^2 = \frac{9}{4} + 25 - 5$$

$$\left(x - \frac{3}{2}\right)^2 + (y - 5)^2 = 22{,}25$$

Somit hat der Kreis den Radius $r = \sqrt{22{,}25} \approx 4{,}72$ und den Mittelpunkt $\left(\frac{3}{2} \mid 5\right)$.

Eine Gerade, die einen Kreis in zwei Punkten schneidet, heißt **Sekante**. Haben Kreis und Gerade genau einen gemeinsamen Punkt, so nennt man die Gerade **Tangente** und existieren keine gemeinsamen Punkte, so heißt die Gerade **Passante**.

Die Gerade $y = -x$ ist Sekante des Kreises $x^2 + y^2 = 2$, denn setzen wir die Geradengleichung in die Kreisgleichung ein, folgt

$$x^2 + (-x)^2 = 2 \iff 2x^2 = 2 \iff x = 1 \text{ oder } x = -1$$

Setzen wir dies wieder in die Geradengleichung ein, folgt $y = -1$ bzw. $y = 1$; also erhalten wir die beiden Schnittpunkte:

$$S_1(1 \mid -1) \quad \text{und} \quad S_2(-1 \mid 1).$$

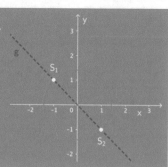

1. Gegeben ist der Kreis $x^2 - 4x = y^2$ und die Gerade $-y = x - b$. Für welche Werte von b ist die Gerade (a) Sekante, (b) Passante oder (c) Tangente?

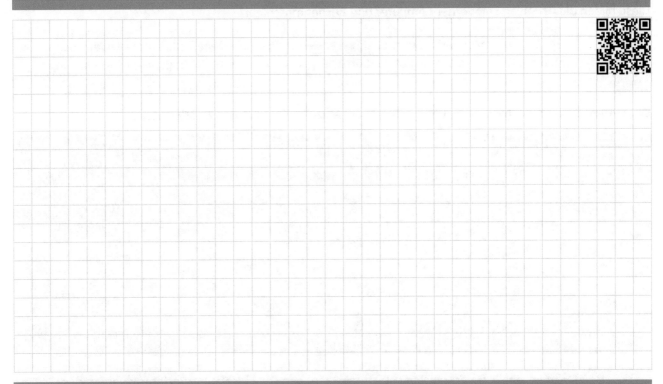

2. Die Gerade $x = 3$ ist Sekante des Kreises $(x - 2)^2 + (y - 4)^2 = 4$.

(a) Bestimme die Schnittpunkte von Kreis und Sekante.

(b) Bestimme die Tangenten, die in den Schnittpunkten am Kreis anliegen.

(c) Bestimme den Schnittpunkt der beiden Tangenten.

Lineare Gleichungssysteme

Nach diesem einführenden Beispiel konzentrieren wir uns im Folgenden auf die linearen Gleichungssysteme. Diese bilden die Grundlage moderner Computer und Rechenmaschinen.

 Ein System von linearen Gleichungen, also Gleichungen, in denen alle auftretenden Lösungsvariablen nur in der ersten Potenz auftreten, wird **lineares Gleichungssystem** (oder kurz: LGS) genannt.

Wir nummerieren die Gleichungen, um den Bezug auf einzelne Gleichungen zu erleichtern.

Beispiel:

$$\begin{array}{llrcrcl} (\mathrm{I}) & & 3x & - & 4y & = & 2 \\ (\mathrm{II}) & & 2x & + & y & = & 5 \end{array}$$

Lösen wir Gleichung (II) nach y auf, erhalten wir:

$$(\mathrm{II'}) \quad 2x + y = 5 \implies y = 5 - 2x$$

Einsetzen von (II') in die erste Gleichung ergibt dann:

$$3x - 4y = 2 \implies 3x - 4(5 - 2x) = 2 \implies 3x - 20 + 8x = 2 \implies 11x - 20 = 2$$

Die Lösung dieser Gleichung ist gerade $x = 2$. Diese setzen wir nun wieder oben in (I') ein und erhalten auch eine Lösung für die zweite Unbekannte: $y = 1$.

 Zur Lösung linearer Gleichungssysteme kann man das **Einsetzungsverfahren** verwenden. Dabei wird eine der beiden Gleichungen nach einer Variablen aufgelöst und das Ergebnis in die anderen Gleichungen eingesetzt. Es entsteht ein LGS mit einer Unbekannten weniger.

Dieses Verfahren funktioniert auch bei größeren Gleichungssystemen, wird dort aber schnell unübersichtlich. Daher sollte man bei Gleichungssystemen mit mehr als zwei Unbekannten das **Additionsverfahren** verwenden.

Zur Illustration lösen wir obiges Beispiel nun nochmal mit dem Additionsverfahren.

$$\begin{array}{llrcrcl} (\mathrm{I}) & & 3x & - & 4y & = & 2 \\ (\mathrm{II}) & & 2x & + & y & = & 5 \end{array}$$

Dazu erweitern wir die zweite Gleichung so, dass der Vorfaktor von x in beiden Gleichungen übereinstimmt. In diesem Fall multiplizieren wir also (II) mit 1,5 und erhalten

$$\begin{array}{llrcrcl} (\mathrm{I}) & & 3x & - & 4y & = & 2 \\ (\mathrm{II'}) & & 3x & + & 1{,}5y & = & 7{,}5 \end{array}$$

Nun ziehen wir (II') von (I) ab:

$$\begin{array}{llrcrcl} (\mathrm{I}) & & 3x & - & 4y & = & 2 \\ (\mathrm{II'}) & & 3x & + & 1{,}5y & = & 7{,}5 \\ \hline (\mathrm{I}) - (\mathrm{II'}) & & & & -5{,}5y & = & -5{,}5 \end{array}$$

und erhalten sofort $y = 1$. Nun setzen wir y in Gleichung (I) ein und erhalten:

$$3x - 4y = 2 \implies 3x - 4 \cdot 1 = 2 \implies 3x = 6, \quad \text{also} \quad x = 2.$$

Das Additionsverfahren lässt sich mit Matrizen auch bei großen Gleichungssystemen übersichtlich und einfach verwenden (vgl. Kapitel 12, Gauß-Algorithmus).

1. Bestimme die Lösung mit dem Einsetzungsverfahren.

(a) $\begin{aligned} 4x \;-\; 2y &= 5 \\ 3x \;+\; 2y &= 9 \end{aligned}$

(b) $\begin{aligned} -\frac{3}{2}x \;+\; \frac{3}{4}y &= -\frac{1}{4} \\ \frac{1}{2}x \;-\; \frac{5}{6}y &= -\frac{2}{3} \end{aligned}$

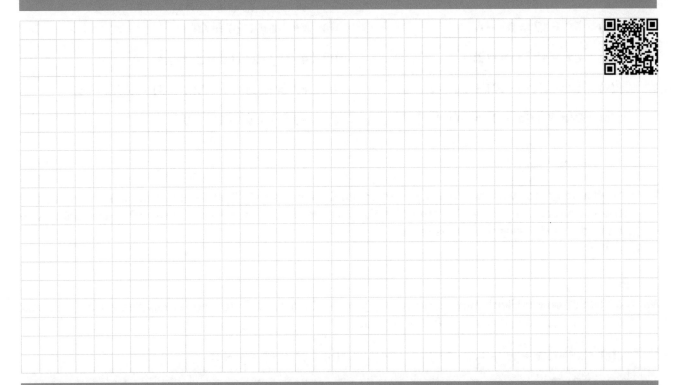

2. Bestimme die Lösung mit dem Additionsverfahren.

(a) $\begin{aligned} 2x \;-\; 5y &= -6 \\ -3x \;+\; y &= -4 \end{aligned}$

(b) $\begin{aligned} -x \;+\; 7y \;-\; z &= 5 \\ 4x \;-\; y \;+\; z &= 1 \\ 5x \;-\; 3y \;+\; z &= -1 \end{aligned}$

Übungsmix

1. Löse die Gleichungen.

    (a) $3x + 17 = 5x - 4$ (b) $x^2 - 6x + 20 = 60$

    (c) $6x - 4x^2 = 3 \cdot (2x - 3)$ (d) $4 \cdot (x - 2) \cdot (x + 2) = x^2 - 4$

    (e) $(x - 1)(x - 10) + 10 = x - 15$ (f) $2{,}6(x - 2) = -5{,}5(x + 3) - 0{,}5(x - 6)$

    (g) $2(x - 1)(x + 3) = 3(x + 3)$ (h) $-x^2 + 14x + 15 = 0$

2. Eine Wandergruppe wandert zwei Tage. Am ersten Tag legen sie ein Drittel der Gesamtstrecke und zusätzlich $4\ km$ zurück. Am zweiten Tag legen Sie die Hälfte der Gesamtstrecke und zusätzlich $2\ km$ zurück. Wie groß ist die zurückgelegte Gesamtstrecke?

3. Die nachfolgenden Gleichungen beschreiben jeweils einen Kreis. Berechne jeweils den Kreismittelpunkt $M(\,x_m \mid y_m\,)$ und den Radius $r > 0$ des Kreises.

    (a) $x^2 - 2x + y^2 + 4y = 11$ (b) $x^2 + y^2 + y = 0$

    (c) $\dfrac{1}{4}x^2 + y^2 = x + 8$ (d) $\dfrac{7}{3}x^2 + \dfrac{3}{2y^2} + 6y + 37{,}5 = 15x - 6$

4. Bestimme die Schnittpunkte der angegebenen Geraden mit dem Kreis $K: (x - 2)^2 + (1 - y)^2 = 4$.

    (a) $y = x - 2$ (b) $2y = x + 3$ (c) $y = -3$ (d) $y + 2 = -x$

5. Löse die angegebenen Gleichungssysteme.

    (a) $\begin{aligned} 6x + 12y &= 30 \\ 3x + 3y &= 9 \end{aligned}$ (b) $\begin{aligned} 2x + y &= 1 \\ 5x + 4y &= 3 \end{aligned}$

    (c) $\begin{aligned} 2x - 3y + z &= 10 \\ x + y - 2z &= -6 \\ 3x - y - 4z &= -5 \end{aligned}$ (d) $\begin{aligned} -x + y + z &= 0 \\ 4x - 3y - 2z &= 5 \\ 5x + y + 4z &= 3 \end{aligned}$

In diesem Kapitel lernst du,
- *was beim Umgang mit Bruchtermen zu beachten ist.*
  - *Bruchterme behandelt man wie Brüche*
  - *Definitionsmenge bestimmen*
  - *Kürzen und Erweitern*
- *wie man Bruchgleichungen löst.*
  - *Lösung durch Äquivalenzumformungen*
  - *Definitionsmenge beachten*

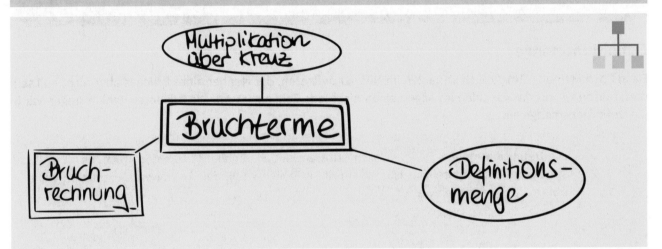

Beispielaufgaben aus diesem Kapitel

1. Bestimme die Definitionsmenge der folgenden Terme und vereinfache soweit wie möglich.

   (a) $\dfrac{a-b}{a} - \dfrac{a+b}{b}$

   (b) $\dfrac{6x+11}{2x+4} - \dfrac{x^2-xy}{x^3+2x^2} : \dfrac{x-y}{2x+5} - 3$

   (c) $\dfrac{y-z}{x^2+xz} - \dfrac{x-y}{xz+z^2} + \dfrac{x^2+y^2}{x^2z+xz^2}$

2. Bestimme jeweils die Definitionsmenge und löse die Gleichung.

   (a) $\dfrac{y}{y-2} - \dfrac{1}{2} = \dfrac{3}{2y-4}$

   (b) $\dfrac{x^2}{x^2-1} - \dfrac{x-1}{x+1} = \dfrac{1-2x}{1-x^2}$

   (c) $\dfrac{3u-3}{u+2} + 3 = 4 - \dfrac{u-3}{2u^2-4}$

Ein Bruch kann in seinem Zähler oder Nenner neben Zahlen auch Variablen enthalten. Ist dies der Fall, so spricht man von einem **Bruchterm**.

$$\frac{3}{2-x}, \qquad \frac{5a}{6b+a}, \qquad \frac{3x-4}{7}, \qquad \frac{a-5}{x^2+3ab}, \qquad \frac{a^2-b^2}{2(a+b)}$$

Alle Rechenoperationen, die wir bereits aus der Bruchrechnung kennen, lassen sich auch mit Bruchtermen durchführen. Es gelten sogar dieselben Rechenregeln.

Beispiel:

$$\frac{3}{2-x} + \frac{x}{4} = \frac{3 \cdot 4}{(2-x) \cdot 4} + \frac{x \cdot (2-x)}{4 \cdot (2-x)} = \frac{3 \cdot 4 + x \cdot (2-x)}{4 \cdot (2-x)} = \frac{12 + 2x - x^2}{4(2-x)}$$

Definitionsmenge

Da in Bruchtermen oftmals auch Variablen im Nenner auftreten, der Nenner eines Bruches aber nicht null sein darf, dürfen wir für die Variablen im Allgemeinen nicht jede Zahl einsetzen. Die erlaubten Zahlen tragen wir in die **Definitionsmenge** ein.

Die **Definitionsmenge** $\mathbb{D}$ eines Bruchterms enthält alle Zahlen für die der Bruch, der nach Einsetzen der Zahl entsteht, existiert. Um diese Zahlen gebündelt zu notieren, benutzen wir die übliche Mengenschreibweise:

Bezeichnung der Elemente in der Menge

Mengen-klammern

$$\mathbb{D} = \{ \; x \; | \; \textit{Eigenschaften von } x \; \}$$

Bezeichnung bzw. Name der Menge

Benennung aller Eigenschaften die die Elemente der Menge charakterisieren

Da wir in obigem Beispiel offenbar alle Zahlen außer 2 einsetzen dürfen, ist hier gerade

$$\mathbb{D} = \{ \, x \, | \, x \neq 2 \, \} \qquad (\; \mathbb{D} \text{ besteht also aus allen Zahlen } x \text{ die nicht gleich 2 sind }).$$

Um also die Definitionsmenge zu bestimmen, setzen wir den Nenner gleich null und lösen die entstehende Gleichung. Die Lösungen sind gerade die Zahlen, die wir aus der Definitionsmenge ausschließen müssen.

Aufgabe: Bestimme die Definitionsmenge von

$$\frac{4a - 23}{(a+7) \cdot (2b-6)}$$

Lösung: Da $(a-1) \cdot (2b-6)$ genau dann null ist, wenn mindestens eine der beiden Klammern null ist und

$$a + 7 = 0 \Leftrightarrow a = -7 \quad \text{bzw.} \quad 2b - 6 = 0 \Leftrightarrow b = 3$$

ergibt sich

$$\mathbb{D} = \{ \, (a,b) \, | \, a \neq -7 \, , \, b \neq 3 \, \}$$

Die Definitionsmenge besteht also gerade aus allen Zahlenpaaren (a,b), bei denen a von 7 und b von 3 verschieden ist.

1. Bestimme die Definitionsmenge.

$$\frac{5x^2 - a}{36x^2 - 16x}$$

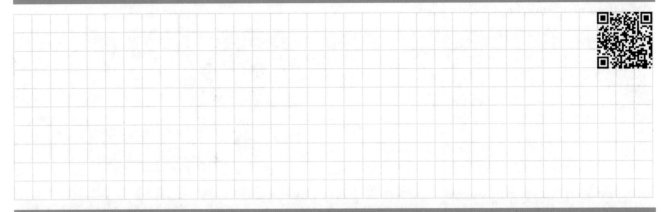

2. Bestimme die Definitionsmenge.

$$\frac{6x + 11}{2x + 4} - \frac{2y + 5}{y^2 + 3y} - 3$$

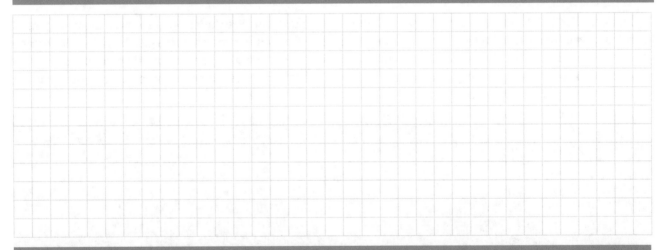

3. Konstruiere einen Term mit der Definitionsmenge.

(a) $\mathbb{D} = \{\, x \mid x \neq -5 \,\}$ (b) $\mathbb{D} = \{\, y \mid y \neq 3 \; und \; x \neq -1 \,\}$

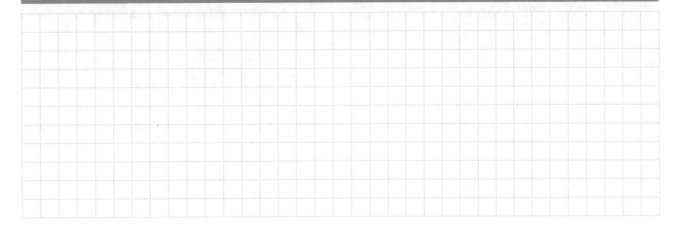

Kürzen und Erweitern

Auch Bruchterme können erweitert und gekürzt werden, allerdings müssen wir beim Kürzen darauf achten, dass wir nur aus Produkten kürzen dürfen. Wie bei Brüchen bleibt der Wert des Terms gleich, während sich die Definitionsmenge durchaus ändern kann.

$$\frac{5y - 25}{3xy - 15x}$$

hat wegen

$$3xy - 15x = 3 \cdot (xy - 5x) = 3 \cdot (y - 5) \cdot x$$

die Definitionsmenge

$$\mathbb{D} = \{\, x, y \mid y \neq 5, x \neq 0 \,\}.$$

Kürzen wir zunächst

$$\frac{5y - 15}{3xy - 15x} = \frac{5 \cdot (y - 5)}{3 \cdot (y - 5) \cdot x} = \frac{5}{3x}$$

ist die Definitionsmenge jedoch

$$\mathbb{D} = \{\, x, y \mid x \neq 0 \text{ und } y \text{ beliebig} \}$$

Merke: *Aus Summen kürzen nur die Dummen.*

$$\frac{x + y}{x} \;\neq\; \frac{1 + y}{1} \qquad\qquad \frac{x + yx}{x} = \frac{x \cdot (1 + y)}{x} = \frac{1 + y}{1} \;\checkmark$$

Lösen von Bruchgleichungen

Besonders wichtig ist die Definitionsmenge bei der Behandlung von **Bruchgleichungen**, also Gleichungen, in denen mindestens ein Bruchterm vorkommt. Auch diese Gleichungen lassen sich durch gleichzeitiges Umformen beider Seiten lösen. Dazu bringen wir zunächst beide Seiten auf den gleichen Hauptnenner und vergleichen anschließend die Zähler. Allerdings müssen wir dabei darauf achten, dass die berechnete Lösung auch zulässig, also in der Definitionsmenge ist.

<u>Aufgabe:</u> Löse die Gleichung

$$\frac{x^2 - 9}{x + 3} = 0. \qquad\qquad \text{Definitionsmenge:}$$

$$\mathbb{D} = \{\, x \mid x \neq -3 \,\}$$

<u>Lösung:</u> Wegen

$$\frac{x^2 - 9}{x + 3} = \frac{0}{x + 3} \qquad | \text{ Zähler vergleichen}$$

$$\Rightarrow \quad x^2 - 9 = 0 \qquad | \text{ 9 addieren}$$

$$\Rightarrow \quad x^2 = 9 \qquad | \text{ Wurzel ziehen}$$

$$\Rightarrow \quad x = 3 \lor x = -3$$

sind zunächst $x = 3$ und $x = -3$ mögliche Lösungen. Da aber letztere nicht in der Definitionsmenge liegt, ist $x = 3$ der einzig verbleibende Kandidat und eine kurze Probe zeigt tatsächlich: $\mathbb{L} = \{\, 3 \,\}.$

Wenn wir obige Umformungen noch einmal im Details durchgehen, fällt auf, dass die zusätzliche Lösung dadurch entsteht, dass wir im letzten Schritt die Definitionsmenge nicht beachten. Hätten wir das getan, wäre die einzige Lösung von $x^2 = 9$ gerade $x = 3$ gewesen.

Berücksichtigt man während der Lösung von Bruchgleichungen bei jeder Umformung die Definitionsmenge, so ist am Ende keine Probe der Lösung notwendig.

1. Vereinfache den nachfolgenden Term soweit wie möglich und vergleiche die Definitionsmenge vor und nach deinen Umformungen.

$$\frac{3x+9}{x^2-1} : \frac{2x+4}{x+1} - \frac{2}{x}$$

2. Löse:

$$\frac{2}{5x+15} - \frac{1}{x} = \frac{3}{5}$$

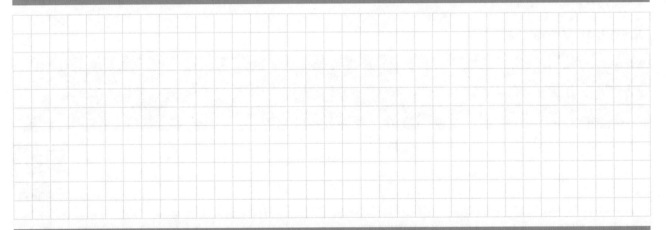

3. Bestimme die Lösung von

$$\frac{2x^2+5x-3}{x+3} = \frac{x-4}{2}$$

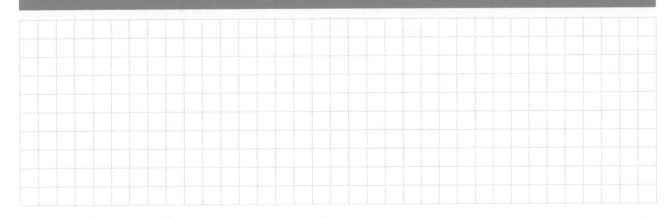

Der Trick mit der Multiplikation über Kreuz

Enthält die Bruchgleichung jeweils einen Bruch links und rechts des Gleichheitszeichens, wird die Lösung durch „Multiplikation über Kreuz" häufig deutlich verkürzt. Dabei wird der Zähler des linken Bruchs mit dem Nenner des rechten und umgekehrt der Zähler des rechten mit dem Nenner des linken Bruchs multipliziert.

Aufgabe: Bestimmen Sie a so, dass
$$\frac{2}{2a+3} = \frac{5}{a-2}.$$

Definitionsmenge:
$$\mathbb{D} = \left\{ a \mid a \neq 2, a \neq -\frac{3}{2} \right\}$$

Lösung:

$$\frac{2}{2a+3} = \frac{5}{a-2} \quad | \text{ über Kreuz multiplizieren}$$
$$\Leftrightarrow \quad 2 \cdot (a-2) = 5 \cdot (2a+3) \quad | \text{ ausmultiplizieren}$$
$$\Leftrightarrow \quad 2a - 4 = 10a + 15 \quad | -2a - 15$$
$$\Leftrightarrow \quad -19 = 8a \quad | \text{ über Kreuz multiplizieren}$$
$$\Leftrightarrow \quad -\frac{19}{8} = a$$

Somit: $\mathbb{L} = \left\{ -\frac{19}{8} \right\}$

Üben und Vernetzen

1. Für welche a gilt

(a) $\dfrac{3a^2}{a-1} - 3a = \dfrac{3}{a-1} + 2$
(b) $\dfrac{a}{a+1} + \dfrac{2}{a-1} = \dfrac{3}{a-1} - 1$

2. Löse

$$\frac{2}{3x-4} - \frac{1}{20} = \frac{5}{6x-8}$$

3. Löse.

$$\frac{2+y}{y-1} = \frac{3+2y}{xy+1} - 1$$

4. Bestimme die Lösung von

$$\frac{a^2}{a^2-1} - \frac{a-1}{a+1} = \frac{1-2a}{1-a^2}$$

Übungsmix

1. Bestimme die Definitionsmenge der folgenden Terme und vereinfache soweit wie möglich.

   (a) $\dfrac{r}{2\cdot(r+s)} - \dfrac{s}{3\cdot(r-s)} + \dfrac{r}{r-s}\cdot\dfrac{s}{s+r}$

   (b) $\dfrac{6x+11}{2x+4} - \dfrac{x^2-xy}{x^3+2x^2} : \dfrac{x-y}{2x+5} - 3$

   (c) $\dfrac{y-z}{x^2+xz} - \dfrac{x-y}{xz+z^2} + \dfrac{x^2+y^2}{x^2z+xz^2}$

2. Bestimme jeweils die Definitionsmenge und löse die Gleichung.

   (a) $\dfrac{3}{2+3a} + \dfrac{4}{8+a} = 2$

   (b) $\dfrac{y}{y-2} - \dfrac{1}{2} = \dfrac{3}{2y-4}$

   (c) $\dfrac{x^2}{x^2-1} - \dfrac{x-1}{x+1} = \dfrac{1-2x}{1-x^2}$

   (d) $\dfrac{3u-3}{u+2} + 3 = 4 - \dfrac{u-3}{2u^2-4}$

3. Löse die nachfolgenden Formeln nach den angegebenen Variablen auf.

   (a) $\dfrac{1}{R_{ges}} = \dfrac{1}{R_1} + \dfrac{1}{R_2} + \dfrac{1}{R_1+R_2}$ nach R_{ges}.

   (b) $\dfrac{\vartheta_m - \vartheta_1}{c_2 \cdot m_2} = \dfrac{\vartheta_m - \vartheta_2}{c_1 \cdot m_1}$ nach ϑ_m.

   (d) $F_L = \dfrac{1 - H\cdot\mu}{1 + h\cdot\mu} \cdot F_k \cdot \left(\dfrac{D}{d}\right)^2$ nach μ.

4. Optik

Bei der optischen Abbildung eines Gegenstandes mit einer Linse gilt die so genannte Linsengleichung:

$$\frac{1}{f} = \frac{1}{g} + \frac{1}{b} \quad \text{und zusätzlich} \quad \frac{B}{G} = \frac{b}{g}.$$

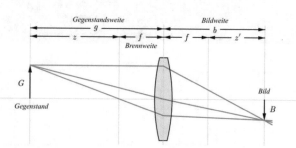

   (a) Zeige: $b = \dfrac{g\cdot f}{g-f}$.

   (b) Wo muss bei einer Linse mit Brennweite $f = 40$ cm der Schirm für ein scharfes Bild aufgestellt werden, wenn die Gegenstandsweite $g = 1{,}40$ m beträgt?

   (c) Das scharfe Bild soll bei einer Linse mit 20 cm Brennweite genau halb so groß wie der Gegenstand sein. Bestimme die Gegenstands- und Bildweite, d. h. g und b.

In diesem Kapitel lernst du,

- Berechnungen mit dem Satz des Pythagoras durchzuführen.
- den Satz des Pythagoras durch Einzeichnen von Hilfslinien anzuwenden.
- Berechnungen mit den trigonometrischen Funktionen durchzuführen:
  - Sinus,
  - Cosinus,
  - Tangens.
- Sinus, Cosinus und Tangens mithilfe geeigneter Skizzen anzuwenden.
- Berechnungen mit dem Sinussatz durchzuführen.
- Berechnungen mit dem Cosinussatz durchzuführen.

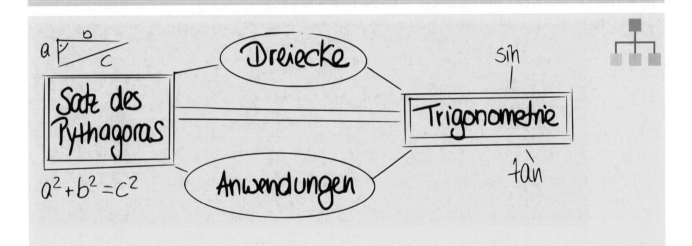

Beispielaufgaben aus diesem Kapitel

1. Im Folgenden sind jeweils ein Winkel und eine Seite eines rechtwinkligen Dreiecks gegeben. Bestimme die übrigen Seitenlängen und den anderen Winkel

   (a) $a = 5\,\text{cm}, \; \alpha = 35°$ (b) $b = 10\,\text{cm}, \; \alpha = 0{,}31\,\pi$

2. Der Kapitän eines Schiffes muss laut seinen Karten beim Passieren einer Landzunge einen bestimmten Abstand zum Festland einhalten, um nicht auf ein Riff aufzulaufen. Dazu peilt er den Leuchtturm unter einem Winkel von $\alpha = 35°$ an. Nach 6,2 sm ergibt eine erneute Peilung $\beta = 61°$. Wie weit ist das Schiff bei der zweiten Peilung entfernt?

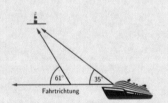

3. Die Schenkellänge eines gleichschenkligen Dreiecks beträgt 6 cm. Beide Schenkel schließen einen Winkel von 140° ein. Wie lang ist die Grundseite des Dreiecks?

4. Die Diagonalen eines Parallelogramms ABCD haben eine Länge von

   $$e = 144\,\text{cm und } f = 76\,\text{cm}$$

   und schließen einen Winkel von $\varepsilon = 72°$ ein. Bestimme die Länge der Seiten sowie alle vier Winkel.

Satz des Pythagoras

In **jedem rechtwinkligen Dreieck** liegt die längste Seite dem rechten Winkel gegenüber und wird **Hypotenuse** genannt. Die beiden anderen Seiten, die am rechten Winkel anliegen, heißen **Katheten**. Für die Beziehung der Seiten bzw. ihrer Quadrate zueinander gilt:

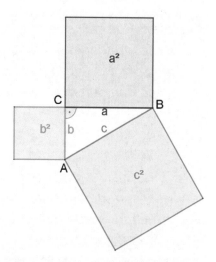

 In **jedem rechtwinkligen Dreieck** hat das Quadrat über der längsten Seite (Hypotenuse) den gleichen Flächeninhalt wie die Quadrate über den beiden kürzeren Seiten (Katheten) zusammen (**Satz des Pythagoras**).

Mit den häufig verwendeten Bezeichnungen a und b für die Katheten und c für die Hypotenuse erhält man die bekannte Kurzform: $a^2 + b^2 = c^2$.

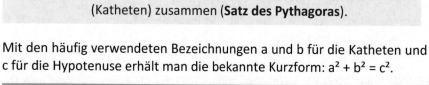

Wie lang ist die Hypotenuse?

Eine Kathete 8,0 cm lang, die andere Kathete 6,0 cm.
Also gilt

$$8{,}0^2 + 6{,}0^2 = x^2$$

und damit

$$x = \sqrt{8{,}0^2 + 6{,}0^2} = \sqrt{64 + 36} = \sqrt{100} = 10$$

Die Hypotenuse ist 10,0 cm lang

 Die Gleichung $8{,}0^2 + 6{,}0^2 = x^2$ hat außer der Lösung 10 noch die Lösung -10, wie sich durch eine Probe (Kapitel 5) bestätigen lässt. Da die Seiten eines Dreiecks aber stets eine positive Länge haben, ergibt nur die positive Lösung (10,0 cm) Sinn.

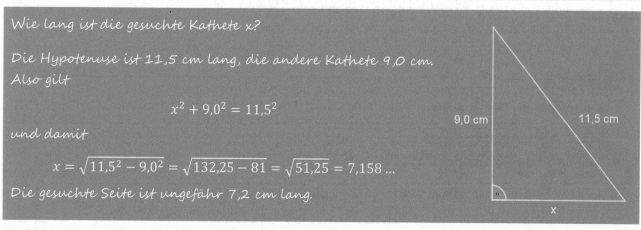

Wie lang ist die gesuchte Kathete x?

Die Hypotenuse ist 11,5 cm lang, die andere Kathete 9,0 cm.
Also gilt

$$x^2 + 9{,}0^2 = 11{,}5^2$$

und damit

$$x = \sqrt{11{,}5^2 - 9{,}0^2} = \sqrt{132{,}25 - 81} = \sqrt{51{,}25} = 7{,}158 \ldots$$

Die gesuchte Seite ist ungefähr 7,2 cm lang.

 Wenn du den Satz des Pythagoras anwenden möchtest musst du zwei Fragen klären:
- Handelt es sich um ein rechtwinkliges Dreieck?
- Welche Seite ist die Hypotenuse?

1. Berechne jeweils die fehlende Seitenlänge:

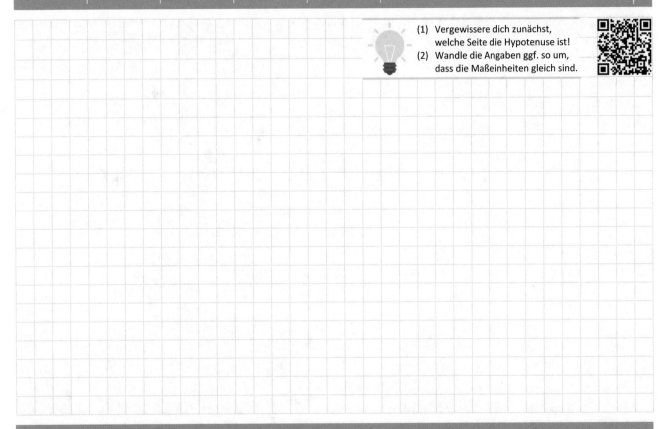

x	5 cm	3,0 m		24 mm	120 m
y	13 cm		155 cm	3,6 cm	150 m
z		4,5 m	0,90 m		

(1) Vergewissere dich zunächst, welche Seite die Hypotenuse ist!

(2) Wandle die Angaben ggf. so um, dass die Maßeinheiten gleich sind.

2. Die Diagonale in einem Rechteck soll 12,0 cm lang sein. Wie lang können dann die Seiten a und b sein?

(a) Gib drei verschiedene Möglichkeiten an.

(b) Wie lässt sich die Länge von a aus der von b berechnen?

Den Satz des Pythagoras anwenden

 Bei vielen mathematischen Problemen oder Berechnungen in Sachsituationen kann man den Satz des Pythagoras nicht direkt anwenden, sondern muss zunächst ein geeignetes rechtwinkliges Dreieck finden oder selbst einzeichnen.

Beispiel:

Wie lang ist die Raumdiagonale in einem Quader mit den Kantenlängen 3 cm, 6 cm und 2 cm?

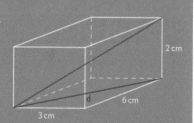

Im ersten Schritt wird die Diagonale einer Seite eingezeichnet und berechnet: $d^2 = 3^2 + 6^2 = 45$.
(Weil wir gleich mit d^2 weiterrechnen, verzichten wir aufs Wurzelziehen.)

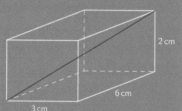

Die berechnete Diagonale bildet mit der dritten Kante und der Raumdiagonalen wieder ein rechtwinkliges Dreieck. „Der Pythagoras" ergibt:
$r^2 = d^2 + 2^2 = 45 + 4 = 49$, $r = \sqrt{49} = 7$.

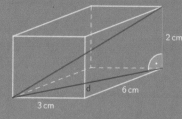

Die Raumdiagonale ist also 7 cm lang.

Beispiel:

Bei öffentlichen Einrichtungen dürfen Rampen für Rollstuhlfahrer eine Steigung von höchstens 6 % haben (DIN 18040-1/2), d. h. bei einer horizontalen Entfernung von 100 cm dürfen höchstens 6 cm Höhenunterschied überwunden werden.
Wie lang muss eine gerade Rampe sein, die mit einer Steigung von 6 % einen Höhenunterschied von 33 cm überwindet?

(1) Fertige eine geeignete Skizze an.
(2) Die horizontale Entfernung ergibt sich als Grundwert zum Prozentsatz 6 % und Prozentwert 33 cm: $d = 33$ cm : $0,06 = 550$ cm.
(3) Die Rampenlänge kann nun als Hypotenuse des rechtwinkligen Dreiecks berechnet werden: $r = \sqrt{550^2 + 33^2} = \sqrt{303589} \approx 551$

Die Rampe ist ca. 5,5 m lang, also etwa genau so lang wie ihr Abstand zum Auflagepunkt.

1. Eine Pyramide mit quadratischer Grundfläche hat eine Höhe
   von 15 cm. Alle Seitenkanten sind 18 cm lang.

   (a) Wie lang ist eine Seite der quadratischen Grundfläche?

   (b) Welche Höhe haben die dreieckigen Seitenflächen?

   (c) Bestimme die Mantelfläche der Pyramide.

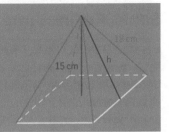

2. Freistehende Funkmasten werden zur Stabilisierung seitlich mit Ab-
   spannseilen befestigt. Wie lang muss ein Seil mindestens sein, wenn es
   am Mast in einer Höhe von 7,5 m und am Boden im Abstand von 2 m
   vom Mast befestigt werden soll?

Sinus, Cosinus und Tangens im rechtwinkligen Dreieck

Bei der Untersuchung rechtwinkliger Dreiecke stellt man fest, dass die Verhältnisse der Seitenlängen nur vom Maß der beiden anderen Winkel abhängen. Solange wir also die Größe der Winkel beibehalten, können wir das Dreieck beliebig vergrößern oder verkleinern, ohne die Verhältnisse zu verändern. Da aber der eine Winkel die Größe des anderen

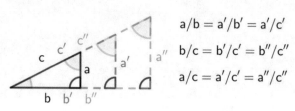

$$a/b = a'/b' = a''/c'$$
$$b/c = b'/c' = b''/c''$$
$$a/c = a'/c' = a''/c''$$

Winkels bereits festlegt, hängen die Längenverhältnisse im rechtwinkligen Dreieck nur vom Maß eines der beiden Winkel ab. Daher geben wir den Längenverhältnissen in einem Dreieck besondere Namen, die auf diesen Winkel verweisen.

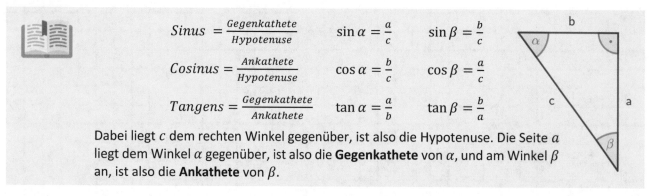

$$Sinus = \frac{Gegenkathete}{Hypotenuse} \qquad \sin\alpha = \frac{a}{c} \qquad \sin\beta = \frac{b}{c}$$

$$Cosinus = \frac{Ankathete}{Hypotenuse} \qquad \cos\alpha = \frac{b}{c} \qquad \cos\beta = \frac{a}{c}$$

$$Tangens = \frac{Gegenkathete}{Ankathete} \qquad \tan\alpha = \frac{a}{b} \qquad \tan\beta = \frac{b}{a}$$

Dabei liegt c dem rechten Winkel gegenüber, ist also die Hypotenuse. Die Seite a liegt dem Winkel α gegenüber, ist also die **Gegenkathete** von α, und am Winkel β an, ist also die **Ankathete** von β.

Die Werte von $\sin\alpha$, $\cos\alpha$ und $\tan\alpha$ lassen sich z. B. am Einheitskreis konstruieren. Für den alltäglichen Gebrauch ist ein Taschenrechner aber deutlich einfacher und schneller zur Hand.

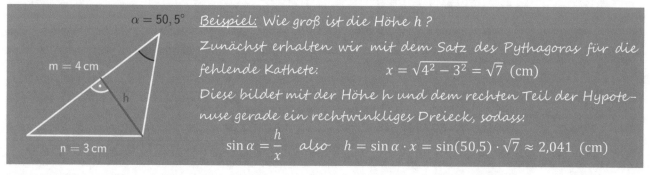

$\alpha = 50,5°$

Beispiel: Wie groß ist die Höhe h?

Zunächst erhalten wir mit dem Satz des Pythagoras für die fehlende Kathete: $x = \sqrt{4^2 - 3^2} = \sqrt{7}$ *(cm)*

Diese bildet mit der Höhe h und dem rechten Teil der Hypotenuse gerade ein rechtwinkliges Dreieck, sodass:

$m = 4\,cm$

h

$n = 3\,cm$

$\sin\alpha = \dfrac{h}{x}$ *also* $h = \sin\alpha \cdot x = \sin(50,5) \cdot \sqrt{7} \approx 2{,}041$ *(cm)*

An dieser Stelle sollten wir kurz über die beiden Maßsysteme für Winkel sprechen. Diese sind:

Gradmaß: Dabei wird der Vollkreis in 360 *„Winkelgrade"* (Vollkreis $\hat{=}$ 360°) eingeteilt. Ein Winkelgrad besteht dann aus 60 *„Bogenminuten"* (1° = 60′) und eine Bogenminute aus 60 *„Bogensekunden"* (1′ = 60″)

Bogenmaß: Als Maß für die Größe des Winkels α dient der vom Winkel aufgespannte Kreisbogen s. Da er aber proportional zum Radius wächst, definiert man als Maß

$$\alpha = {}^{s}\!/_{r} \quad (360° = 2\pi).$$

Da das Bogenmaß anders als das Gradmaß keine Einheit trägt, wird es in den Ingenieur- und Naturwissenschaften bevorzugt. Die beiden Einheiten lassen sich mit nachstehender Formel aber leicht ineinander umrechnen.

$$\alpha\,[im\ Bogenma\beta] = \frac{\pi}{180°} \cdot \alpha\,[im\ Gradma\beta]$$

Beachte: Taschenrechner arbeiten in der Regel im Gradmaß und müssen erst auf das Bogenmaß umgestellt werden.

1. Berechne jeweils die fehlenden Werte:

α [im Gradmaß]	0°		45°	60°	72°	90°	165°		360°	
α [im Bogenmaß]		$\pi/6$		$\pi/3$		$\pi/2$		$11/9\,\pi$		
$\sin \alpha$			$\sqrt{2}/2$			1			0	
$\cos \alpha$	1									

2. Im Folgenden sind jeweils ein Winkel und eine Seite eines rechtwinkligen Dreiecks gegeben. Bestimme die übrigen Seitenlängen und den anderen Winkel.

(a) $a = 5$ cm, $\alpha = 35°$ (b) $b = 10$ cm, $\alpha = 0{,}31\,\pi$ (c) $c = 4$ cm, $\beta = \pi/3$

Die Arcus-Funktionen

Jede der trigonometrischen Funktionen liefert zu einem gegebenen Winkel das Verhältnis der entsprechenden Seiten im rechtwinkligen Dreieck. In manchen Situationen werden sie aber auch benutzt, um aus gegebenen Seitenverhältnissen einen Winkel zu berechnen. Dazu werden die **Arcusfunktionen** verwendet.

Die Funktionen

arcsin (Arcussinus), **arccos** (Arcuscosinus), **arctan** (Arcustangens) ordnen einem gegebenen Wert von sin, cos bzw. tan gerade den zugrundeliegenden Winkel zu. Das bedeutet:

- Ist $\sin\alpha = x$, so ist $\arcsin x = \alpha$.

- Ist $\cos\alpha = x$, so ist $\arccos x = \alpha$.

- Ist $\tan\alpha = x$, so ist $\arctan x = \alpha$.

Achtung: Auf dem Taschenrechner finden sich statt arcsin, arccos und arctan häufig die Bezeichnungen $\sin^{-1}$, $\cos^{-1}$ und $\tan^{-1}$. Dies ist mit Vorsicht zu genießen, denn

$$\arcsin x \neq \frac{1}{\sin x}, \quad \arccos x \neq \frac{1}{\cos x}, \quad \arctan x \neq \frac{1}{\tan x}.$$

Beispiel: Berechne die fehlenden Seiten und Winkel in dem gegebenen Dreieck.

Zunächst erhalten wir mit dem Satz des Pythagoras für die fehlende Kathete:

$$b = \sqrt{24{,}9^2 - 12{,}7^2} = \sqrt{458{,}72} \approx 21{,}41.$$

Dann folgt

$$\cos\beta = \frac{a}{c} = \frac{12{,}7}{24{,}9} \quad \text{also} \quad \beta = \arccos\left(\frac{12{,}7}{24{,}9}\right) \approx 0{,}33\,\pi,$$

$$\sin\alpha = \frac{a}{c} = \frac{12{,}7}{24{,}9} \quad \text{also} \quad \alpha = \arcsin\left(\frac{12{,}7}{24{,}9}\right) \approx 0{,}17\,\pi.$$

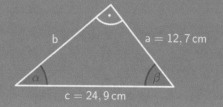

Die Summe der Innenwinkel in einem Dreieck beträgt stets $180° = \pi$.

Beispiel: Berechne die Höhe und die Winkel in dem gleichschenkligen Dreieck.

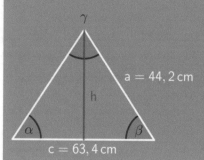

Zunächst einmal teilt die Höhe das Dreieck in zwei deckungsgleiche Dreiecke. Also ist: $\alpha = \beta$.

Außerdem ist in diesen Dreiecken a die Hypotenuse, daher

$$\cos\beta = \frac{c/2}{a} = \frac{31{,}7}{44{,}2} \quad \text{also} \quad \beta = \arccos\left(\frac{31{,}7}{44{,}2}\right) \approx 0{,}25\,\pi.$$

sowie:

$$\gamma = \pi - \alpha - \beta = \pi - 2\beta \approx \pi - 0{,}5\,\pi = 0{,}5\,\pi.$$

1. Berechne jeweils die fehlenden Werte des Dreiecks.

	α	β	γ	a	b	c
(a)		51,06°	$\pi/2$			18 cm
(b)			90°	8 cm		10 cm
(c)	$\pi/6$	$\pi/4$				5 cm

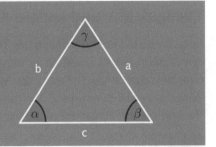

2. Die Schenkellänge eines gleichschenkligen Dreiecks beträgt 6 cm. Beide Schenkel schließen einen Winkel von 140° ein. Wie lang ist die Grundseite des Dreiecks?

Triangulation und andere Anwendungen

Auch wenn die Grundaufgabe der Trigonometrie darin besteht, aus gegebenen Größen eines Dreiecks die anderen Größen dieses Dreiecks zu berechnen, spielen Sinus, Cosinus und Tangens in vielen Bereichen des Lebens eine entscheidende Rolle. In der Vermessung benötigt man sie zur Positionsbestimmung, in der Astronomie lassen sich mit ihnen die Entfernung von Planeten und nahegelegenen Fixsternen ermitteln und auch bei der Navigation von Flugzeugen und Schiffen sind sie von entscheidender Bedeutung.

<u>Beispiel:</u> Die Entfernung zwischen zwei Leuchttürmen beträgt ca. 72 km. Vom ersten Leuchtturm ist ein Schiff in einem Winkel von $\alpha = 54°$ zu sehen, vom zweiten Leuchtturm unter einem Winkel von $\beta = 62°$. Wie weit ist das Schiff von beiden Leuchttürmen entfernt?

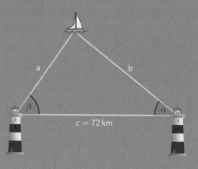

<u>Lösung:</u> Zunächst einmal erhalten wir für den verbliebenen Winkel:

$$\gamma = 180° - \alpha - \beta = 64°.$$

Da wir für die Verwendung von sin, cos und tan aber gerade ein rechtwinkliges Dreieck brauchen, müssen wir mit Hilfsdreiecken arbeiten. Dazu tragen wir die Höhe h ein. In den beiden nun entstehenden Dreiecken bilden die gesuchten Längen a und b jeweils die Hypotenuse, sodass unter anderem:

$$\tan\beta = \frac{h}{p} \iff h = p \cdot \tan\beta \quad, \quad \tan\alpha = \frac{h}{q} \iff h = q \cdot \tan\alpha.$$

Somit ist

$$p \cdot \tan\beta = q \cdot \tan\alpha \iff p = q \cdot \frac{\tan\alpha}{\tan\beta}$$

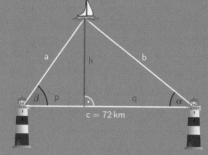

und da nach Voraussetzung auch $p + q = 72$ gilt, folgt

$$72 = p + q = q \cdot \frac{\tan\alpha}{\tan\beta} + q = q \cdot \left(\frac{\tan\alpha}{\tan\beta} + 1 \right) \iff q$$

$$= 72 \cdot \frac{\tan\beta}{\tan\beta + \tan\alpha} \approx 72 \cdot \frac{1{,}88}{3{,}257} \approx 41{,}56.$$

Also ist $q = 41{,}56$ km und folglich $p = 30{,}44$ km. Nun können wir entweder den Sinus bemühen, um zunächst die Höhe h und anschließend die gesuchten Längen mit dem Pythagoras zu berechnen. Einfacher ist es aber, in beiden Dreiecken einfach den Cosinus zu verwenden:

$$\cos\beta = \frac{p}{a} \iff a = \frac{p}{\cos\beta} \approx \frac{30{,}44}{0{,}47} \approx 64{,}77, \quad \cos\alpha = \frac{q}{b} \iff b = \frac{q}{\cos\alpha} \approx \frac{41{,}56}{0{,}59} \approx 70{,}44$$

Vom ersten Leuchtturm sind es also etwa b= 70,44 km bis zum Schiff und vom zweiten Leuchtturm aus ca. a= 64,77 km.

Um sin, cos oder tan zur Lösung von Problemen zu verwenden, musst du in der gegebenen Geometrie nach rechtwinkligen Dreiecken suchen oder diese gegebenenfalls durch Hilfslinien selbst konstruieren.

1. Aus einem Würfel aus Messing (Dichte: $8{,}3\,\text{g/cm}^3$) wurden zwei
   Kegelstümpfe ausgefräst, die zueinander symmetrisch sind.
   (a) Berechne das Gewicht des so entstehenden Werkstücks.
   (b) Berechne die Länge der Seitenkante eines Kegels.
   (c) In einem Tauchbad wird das Werkstück mit
       einer 0,1 mm dicken Silberschicht überzogen (Dichte:
       $10{,}5\,\text{g/cm}^3$). Berechne das Gewicht des aufgetragenen Silbers.

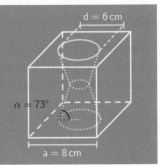

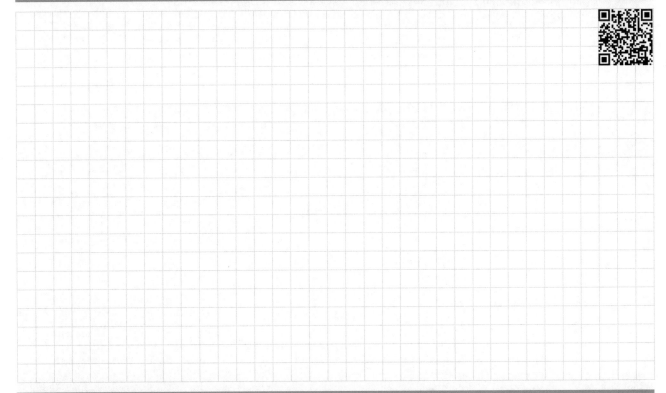

2. Der Bordcomputer eines Kleinflugzeuges berechnet anhand der in der Grafik aufge-
   führten Daten die Länge der Landebahn. Kontrolliere das Ergebnis indem du die
   Länge selbst berechnest.

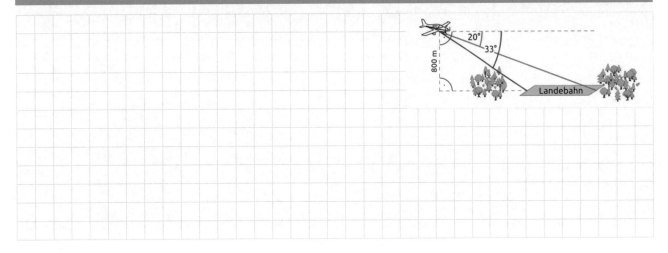

Der Sinussatz

Bisher hast du mit Sinus, Cosinus und Tangens nur im rechtwinkligen Dreieck gerechnet. In beliebigen Dreiecken können wir, wie im vorherigen Abschnitt gesehen, durch Einzeichnen einer Höhe rechtwinklige Dreiecke herstellen. Es gibt aber auch Regeln, mit deren Hilfe du Sinus und Cosinus in jedem Dreieck benutzen kannst.

Sinussatz

Sind a, b und c die Seiten eines Dreiecks mit den Winkeln α, β und γ (die den zugehörigen Seiten gegenüber liegen) und dem Radius r des Umkreises. Dann gilt:

$$\frac{a}{\sin \alpha} = \frac{b}{\sin \beta} = \frac{c}{\sin \gamma} = 2 \cdot r.$$

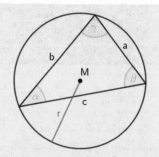

<u>Beispiel:</u> Ein Küstenmotorschiff steuert einen Kurs von 293° und fährt konstante 24 Knoten. Dabei peilt es ein Leuchtfeuer L mit der Winkelweite $\alpha = 21{,}5°$ an. Nach 10 Minuten wird dasselbe Leuchtfeuer mit der Winkelweite $\beta = 35{,}5°$ angepeilt. Wie weit ist das Schiff bei der zweiten Peilung vom Leuchtfeuer entfernt?

(<u>Hinweis:</u> Bei einer Geschwindigkeit von einem Knoten legt ein Schiff in einer Stunde eine Seemeile zurück. Steuert es den Kurs 0° fährt es genau Richtung Norden, bei einem Kurs von 90° genau Richtung Osten.)

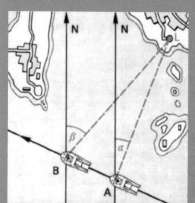

<u>Lösung:</u> Zunächst einmal legt das Schiff bei einer Geschwindigkeit von einem Knoten in 10 Minuten eine Strecke von $1/6$ Seemeile zurück. Bei einer Geschwindigkeit von 24 Knoten sind es dann gerade

$$c = 24 \cdot \frac{1}{6} = 4 \text{ Seemeilen.}$$

Vernachlässigen wir die konkrete Situation für einen Moment, müssen wir gerade die Länge der Seite b im rechts abgebildeten Dreieck berechnen. Mit den anderen Informationen aus der Aufgabe bestimmen wir dazu zunächst die beiden Winkel α' und β':

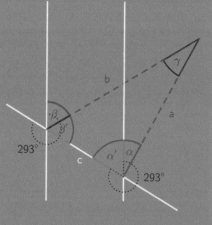

$$\alpha' = 360° - 293° = 360° - 293° = 67°,$$
$$\beta' = 293° - 180° - \beta = 293° - 180° - 35{,}5° = 77{,}5°.$$

Damit ergibt sich der Winkel γ zu

$$\gamma = 180° - (67° + 21{,}5°) - 77{,}5° = 14°$$

und wir können den Sinussatz anwenden um die Länge von b zu berechnen:

$$\frac{b}{\sin(\alpha + \alpha')} = \frac{c}{\sin \gamma} \quad \Leftrightarrow \quad b = \frac{c}{\sin \gamma} \cdot \sin(\alpha + \alpha') = \frac{4}{\sin 14°} \cdot \sin(21{,}5° + 67°) \approx 16{,}53 \,.$$

Bei der zweiten Peilung ist das Schiff also ca. 16,53 Seemeilen vom Leuchtfeuer entfernt.

1. In einem Dreieck sind jeweils zwei Seiten und ein Winkel bekannt.
   Berechne die Länge der fehlenden Seite und Winkel.

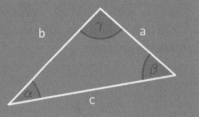

	α	β	γ	a	b	c
(a)	75°			6 cm	4,5 cm	
(b)		$^3/_5\,\pi$			6,2 cm	5,5 cm
(c)			$^\pi/_6$	5 cm		3,2 cm

2. Eine Metallstange ist als Halterung eines Pendels an einer
   Wand befestigt. Das Pendel schwingt so, dass die Umkehrpunkte
   U_1 und U_2 auf einer Höhe mit dem Fußpunkt der Metallstange
   liegen. Wie weit ist U_1 von der Wand entfernt?

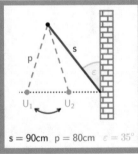

$s = 90\,cm$ $p = 80\,cm$ $\varepsilon = 35°$

Der Cosinussatz

Anders als beim Sinussatz, stellt der Cosinussatz eine Beziehung zwischen den drei Seiten und einem Winkel im Dreieck her. Er ist daher eine Verallgemeinerung des Satzes von Pythagoras und wird auch erweiterter Satz des Pythagoras genannt.

Cosinussatz

Für die drei Seiten a, b und c eines Dreiecks, sowie für den einer der drei Seiten gegenüberliegenden Winkel gilt:

$$a^2 = b^2 + c^2 - 2 \cdot b \cdot c \cdot \cos\alpha$$
$$b^2 = a^2 + c^2 - 2 \cdot a \cdot c \cdot \cos\beta$$
$$c^2 = a^2 + b^2 - 2 \cdot a \cdot b \cdot \cos\gamma$$

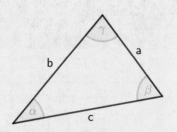

Beispiel: Zwischen den Punkten A_1 und A_2 soll eine Brücke über eine Schlucht gebaut werden. Hierzu wird auf einer Seite der Schlucht eine 450 m lange Strecke zwischen den Punkten S_1 und S_2 abgemessen. An S_1 werden die Winkel $\alpha_1 = 75°$ und $\alpha_2 = 35°$ sowie an S_2 die Winkel $\beta_1 = 68°$ und $\beta_2 = 60°$ wie in der Skizze dargestellt gemessen. Welche Spannweite bzw. Länge hat die Brücke?

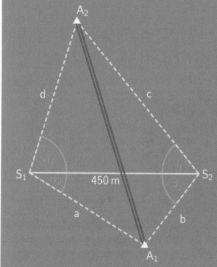

Lösung: Zunächst berechnen wir die beiden fehlenden Winkel γ_1 bei A_1 und γ_2 bei A_2:

$$\gamma_1 = 180° - \alpha_2 - \beta_2 = 180° - 35° - 60° = 85°,$$
$$\gamma_2 = 180° - \alpha_1 - \beta_1 = 180° - 75° - 68° = 37°.$$

Damit können wir nun in den beiden Dreiecken $\triangle S_1 S_2 A_1$ bzw. $\triangle S_1 S_2 A_2$ jeweils den Sinussatz benutzen um damit die Seiten b bzw. c berechnen. Es gilt:

$$\frac{b}{\sin\alpha_2} = \frac{450}{\sin\gamma_1} \iff b = \frac{450}{\sin 85°} \cdot \sin(35°) \approx 259{,}10\,,$$

sowie

$$\frac{c}{\sin\alpha_1} = \frac{450}{\sin\gamma_2} \iff c = \frac{450}{\sin 37°} \cdot \sin(75°) \approx 722{,}26\,.$$

Für die Länge l der Brücke folgt nun mit dem Cosinussatz

$$l^2 = b^2 + c^2 - 2 \cdot b \cdot c \cdot \cos(\beta_1 + \beta_2)$$
$$= 259{,}10^2 + 722{,}26^2 - 2 \cdot 259{,}10 \cdot 722{,}26 \cdot \cos 128° \approx 819.219{,}10$$

und damit

$$l = \sqrt{l^2} \approx \sqrt{819.219{,}10} \approx 905{,}11.$$

Die Brücke ist also ca. 905 m lang.

Im Spezialfall $\gamma = 90°$, also bei einem rechtwinkligen Dreieck, gilt gerade $\cos\gamma = \cos 90° = 0$. Also wird der Cosinussatz $c^2 = a^2 + b^2 - 2 \cdot a \cdot b \cdot \cos\gamma$ hier gerade zu $c^2 = a^2 + b^2$, dem Satz des Pythagoras.

1. In einem Dreieck sind jeweils zwei Seiten und ein Winkel bekannt.
    Berechne die Länge der fehlenden Seite und Winkel.

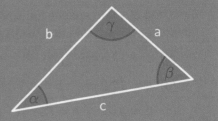

	α	β	γ	a	b	c
(a)			70°	7 cm	9 cm	
(b)		$\frac{2}{3}\pi$		6 dm		25 cm
(c)				8 cm	9 cm	0,7 dm

2. Die Diagonalen eines Parallelogramms ABCD haben eine
    Länge von $e = 144$ cm und $f = 76$ cm und schließen einen
    Winkel von $\varepsilon = 72°$ ein. Bestimme die Länge der Seiten sowie
    alle vier Winkel.

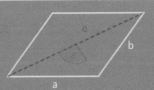

Übungsmix

1. Berechne aus den gegebenen Größen des abgebildeten Dreiecks die noch
   fehlenden Größen und den Flächeninhalt.

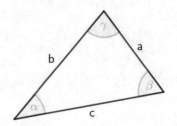

   (a) $c = 17{,}9$ cm , $\beta = 43°$, $\gamma = {}^\pi\!/_9$

   (b) $a = 12{,}9$ cm , $b = 0{,}1$ dm , $\alpha = 55°$

   (c) $a = 3$ dm , $b = 89$ cm , $\gamma = {}^\pi\!/_2$

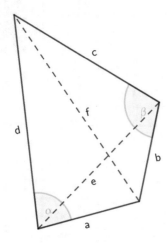

2. Ein Grundstück soll mit einem Zaun begrenzt werden Dafür wurden Seitenlängen und Winkel bestimmt:

$$a = 128{,}5 \text{ m}$$
$$b = 85{,}8 \text{ m}$$
$$f = 214 \text{ m}$$
$$\alpha = {}^\pi\!/_3$$
$$\beta = 87°$$

   Bestimme die Gesamtlänge des Zauns.

3. Das durch die grüne Umrandung angedeutete gleichseitige Dreieck hat eine Seitenlänge von $a = 24$ cm.

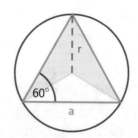

   (a) Welchen Radius hat der Umkreis des Dreiecks?

   (b) Bestimme den Flächeninhalt des gelben Pfeils.

4. Schon 250 v. Chr. konnte der Grieche Eratosthenes den Durchmesser unseres Planeten ziemlich genau berechnen. Er beobachtete, dass die Sonne an einem Brunnen in der Stadt Syene, dem heutigen Assuan in
   Ägypten, keinen Schatten warf, die Sonne also genau über ihm stand. Ein Jahr später befand er sich in der
   $e = 800$ km entfernten ägyptischen Stadt Alexandria und maß dort die Schattenlänge eines $h = 150$ m ho-
   hen Obelisken. Aus diesen Werten berechnete Eratosthenes den Erddurchmesser auf 65 km genau.

   Nutze seine Messungen, um selbst den Erdradius zu bestimmen.

5. Der Kapitän eines Schiffes muss laut seinen Karten beim Passieren einer
   Landzunge einen bestimmten Abstand zum Festland einhalten, um nicht
   auf ein Riff aufzulaufen. Dazu peilt er den Leuchtturm unter einem Winkel
   von $\alpha = 35°$ an. Nach 6,2 sm ergibt eine erneute Peilung $\beta = 61°$. Wie
   weit ist das Schiff bei der zweiten Peilung entfernt?

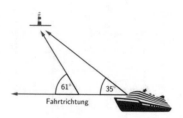

In diesem Kapitel lernst du,

- *wie eine Funktion definiert ist.*
- *welche unterschiedlichen Funktionstypen es gibt und welche Eigenheiten sie haben.*
  - *Lineare Funktionen*
  - *Quadratische Funktionen*
  - *Potenzfunktionen*
  - *Exponentialfunktionen*
  - *Logarithmusfunktionen*
  - *Trigonometrische Funktionen*
- *was es mit einer Umkehrfunktion auf sich hat.*
- *wie man Funktionen verschiebt, streckt, staucht und spiegelt.*
- *wie man verschiedene Funktionen durch abschnittsweise definierte Funktionen miteinander „mischt".*

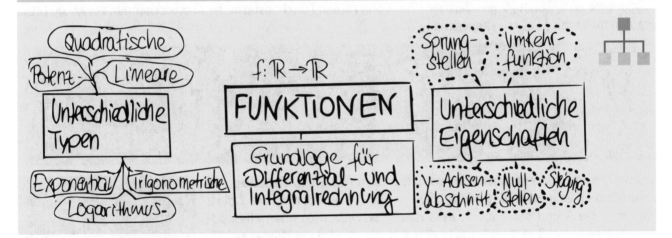

Beispielaufgaben aus diesem Kapitel

1. Beschreibe die Begriffe Definitionsmenge und Zielmenge einer Funktion mit eigenen Worten.

2. Ist eine konstante Funktion auch eine lineare Funktion?

3. Gib den Scheitelpunkt der quadratischen Funktion $f(x) = (x + 2)^2 - 3$ an.

4. Bestimme die Umkehrfunktion der linearen Funktion $h(t) = -6t - 3$.

5. Welchen Wert hat ein Winkel von 90° im Bogenmaß und welche Werte haben die Sinus- und Cosinusfunktion an dieser Stelle?

6. Was passiert mit einer Funktion f, wenn man stattdessen die neue Funktion $g(x) = 2 \cdot f(x)$ betrachtet?

7. Ist die folgende abschnittsweise definierte Funktion stetig?

$$f(x) = \begin{cases} -x + 2 & x \leq -2 \\ x^2 & x > -2 \end{cases}$$

Funktionsbegriff

Was genau ist überhaupt eine Funktion? In Schul- und Lehrbüchern findet man meist die folgende oder eine ähnliche Definition:

> Eine Funktion f ordnet jedem Element einer Menge genau ein Element einer anderen oder derselben Menge zu. Die erste Menge heißt hierbei **Definitionsmenge**, die zweite **Zielmenge** der Funktion.

Um die Definitionsmenge D und Zielmenge Z einer Funktion f klarzumachen, wird oft die Schreibweise f: $D \to Z$ gebraucht. In den meisten Fällen handelt es sich bei Definitions- und Zielmenge jeweils um reelle Zahlen, d. h., man schreibt $f: \mathbb{R} \to \mathbb{R}$. Es gibt aber auch andere Fälle, z. B. wenn lediglich positive Zahlen eingesetzt werden dürfen, d. h. $f: \mathbb{R}^+ \to \mathbb{R}$ gilt. Damit man aber weiß, welcher neue Wert einem konkret gegebenen Wert zugeordnet wird, benötigt man darüber hinaus auch einen Funktionsterm der entsprechenden Funktion. Diese werden meist mit $f(x) = \cdots$ angegeben:

Beispiele:

$$f(x) = 2x + 1 \qquad f(x) = x^2 \qquad h(x) = 3^x \qquad g(x) = \log(2x)$$

$$g(t) = 2t^2 + 3 \qquad a(x) = x \qquad p(x) = x^3 + 2x^2 - x + 3$$

Welcher Wert welchem zugeordnet wird, lässt sich nun durch Einsetzen und Ausrechnen bestimmen. Die Funktion $f(x) = 2x + 1$ ordnet etwa der 1 die 3 zu, der 2 die 5 und der 3 die 7, usw. Hierfür schreibt man alternativ auch $1 \mapsto 3$, $2 \mapsto 5$ und $3 \mapsto 7$ und spricht dies z. B. als „1 wird abgebildet auf 3". Statt „Funktion" ist daher auch der Begriff „Abbildung" geläufig.

$$f(1) = 2 \cdot 1 + 1 = 3,$$
$$f(2) = 2 \cdot 2 + 1 = 5,$$
$$f(3) = 2 \cdot 3 + 1 = 7$$

Eine Funktion muss nicht immer über einen Funktionsterm beschrieben werden. Es kann z. B. auch der Funktionsgraph oder eine Wertetabelle genutzt werden. Anhand des Funktionsgraphen aber auch der Wertetabelle lassen sich ebenfalls die entsprechenden Zuordnungen z. B. der Funktion f wie oben bestimmen.

Bei einem Funktionsgraphen zeigen sich die drei Wertepaare als Punkte A, B bzw. C. Mithilfe des Graphen können weitere Paare abgelesen oder geschätzt werden.

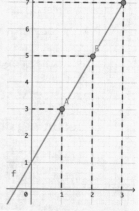

x	1	2	3	
$f(x)$	3	5	7	

Versuche die Tabelle für weitere Werte fortzuführen!

Wie in der obigen Definition formuliert, ordnet eine Funktion jedem Wert **genau einen** anderen Wert zu. Es kann also nicht vorkommen, dass $f(1) = 3$ und gleichzeitig $f(1) = 2$ gilt. Umgekehrt ist es aber schon möglich, dass etwa die 3 mehrmals erreicht wird, also z. B. $f(1) = 3$ und $f(2) = 3$ gilt. Überlege dir doch mal, was das für den Funktionsgraphen bedeutet.

1. Welche Begriffe lassen sich welchen Funktionen im Beispiel auf der linken Seite zuordnen? Es können auch mehrere Begriffe zu einer Funktion passen. Manche Begriffe passen vielleicht aber auch zu keiner der dargestellten Funktionen.

Lineare Funktion   Exponentialfunktion

Normalparabel

Winkelhalbierende

Quadratische   Ganzrationale Funktion
Funktion
                    Parabel
                                        Polynomfunktion
Potenzfunktion   Proportionale
                            Funktion

Logarithmusfunktion   Trigonometrische   Konstante Funktion
                       Funktion

2. Bestimme für die gegebene Funktion die jeweils fehlenden Darstellungsformen (Funktionsterm, Funktionsgraph, Wertetabelle).

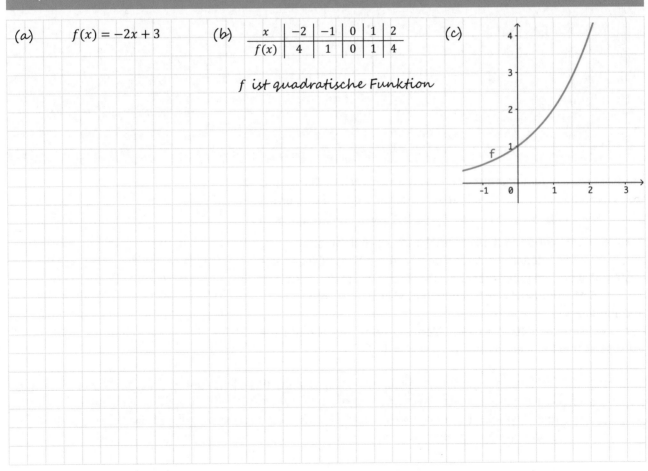

(a) $f(x) = -2x + 3$

(b)

x	-2	-1	0	1	2
$f(x)$	4	1	0	1	4

f ist quadratische Funktion

(c)

Lineare Funktionen

Lineare Funktionen sind in der Schule i. d. R. der erste Funktionstyp, den man kennenlernt. Er umfasst als Spezialfall konstante und proportionale Funktionen.

Eine Funktion $f \colon \mathbb{R} \to \mathbb{R}$ heißt **linear**, falls sie einen Funktionsterm der Form $f(x) = ax + b$ hat. Der Wert von a heißt **Steigung**, der Wert von b heißt **y-Achsenabschnitt** der Funktion f. Falls $a = 0$ gilt (und ax somit wegfällt), ist f eine **konstante Funktion**.

Viele Lehrwerke benutzen auch die Standardform $f(x) = mx + n$ oder Kombinationen aus beiden Varianten. Lass dich davon nicht verwirren!

Lineare Funktionen sind immer dann von Bedeutung, wenn gleichmäßige Zuwächse oder Abnahmen beschrieben werden:

<u>Beispiele:</u>

- In einen Pool werden jede Minute 20 Liter Wasser gepumpt. Zu Beginn ist der Pool leer:
  Wenn $f(x)$ das nach Minute x vorhandene Wasser ist, beschreibt $f(x) = 20x$ den Vorgang. Zum Zeitpunkt $x = 0$ ist kein Wasser vorhanden, denn $f(0) = 0$. Immer wenn die Zeit um 1 erhöht wird, erhöht sich $f(x)$ um 20.

- Jemand wiegt 100 kg, möchte aber abnehmen. Jede Woche nimmt er sich vor, 0,5 kg abzuspecken:
  Wenn $g(x)$ das Gewicht in Woche x ist, beschreibt $g(x) = -0,5x + 100$ den Vorgang. Zum Zeitpunkt $x = 0$ wiegt die Person 100 kg, denn $g(0) = 100$. Immer, wenn x um 1 erhöht wird, werden 0,5 kg mehr von diesem Wert abgezogen.

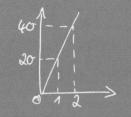

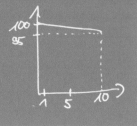

Die Steigung a einer linearen Funktion lässt sich auch mithilfe eines sog. *Steigungsdreiecks* bestimmen. Hierbei gilt die Formel $a = \frac{y_2 - y_1}{x_2 - x_1}$, falls $P_1(y_1, x_1)$ und $P_2(y_2, x_2)$ zwei Punkte auf dem Graphen der Funktion sind. Die Formel erklärt sich dabei so: $x_2 - x_1$ und $y_2 - y_1$ sind genau die beiden beschrifteten Kantenlängen des rechtwinkligen Steigungsdreiecks. Die Funktion steigt also um $y_2 - y_1$ Einheiten alle $x_2 - x_1$ Einheiten, also $y_2 - y_1$ pro $x_2 - x_1$ und somit $a = (y_2 - y_1)/(x_2 - x_1)$.
Der y-Achsenabschnitt b ist der Wert, bei dem die Gerade die y-Achse schneidet, weil $f(0) = a \cdot 0 + b = b$ gilt.

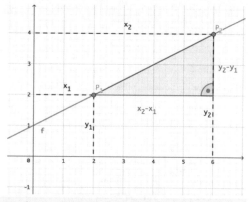

Die Formel funktioniert auch, wenn die Steigung negativ ist und die Gerade somit fällt. Man spricht dann trotzdem vom Steigungsdreieck. Wie das Dreieck und somit die beiden Punkte P_1 und P_2 genau gewählt werden, spielt für die Ermittlung der Steigung übrigens keine Rolle. Man erhält immer denselben Wert a.

1. (a) Für 100 Euro erhält man in Großbritannien etwa 88 britische Pfund. Bestimme eine Funktion $c(x)$, die für jeden Betrag x in Euro den entsprechenden Gegenwert in Pfund angibt. Ist die Funktion linear?
(b) Wie viele Pfund erhält man für 145,37 Euro?
(c) Wie lässt sich anhand der aufgestellten Funktion bestimmen, wie viele Euro man für einen Betrag von 150 britischen Pfund erhält?

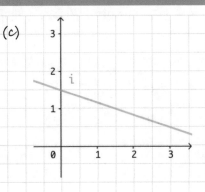

2. Bestimme jeweils einen Funktionsterm für die abgebildeten Graphen bzw. Tabellen linearer Funktionen.

(a)

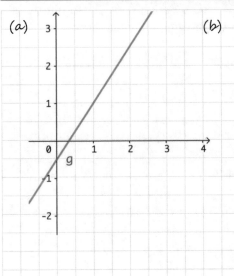

(b)

x	$-1{,}5$	$-0{,}5$	$0{,}5$	$1{,}5$
$g(x)$	3	5	7	9

(c)

Quadratische Funktionen

Eine Funktion $f: \mathbb{R} \to \mathbb{R}$ heißt **quadratische Funktion**, falls sie einen Funktionsterm der Form $f(x) = ax^2 + bx + c$ mit $a \neq 0$ hat. Hierbei handelt es sich um die sog. **Normalform** einer quadratischen Funktion. Die Werte a, b und c heißen **Parameter** oder **Koeffizienten** der Funktion f.

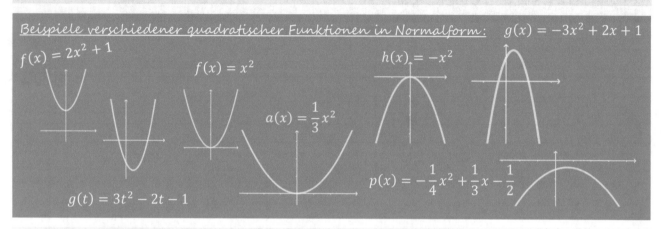

Der Funktionsgraph einer quadratischen Funktion hat immer die Form einer Parabel. Ist der sog. **Leitkoeffizient** $a > 0$, ist die Parabel nach oben geöffnet. Ist $a < 0$, ist die Parabel nach unten geöffnet. $a = 0$ kann hingegen nicht eintreten, da der Teil ax^2 dann wegfallen würde. Um was für einen Funktionstyp würde es sich dann handeln?

Eine andere Möglichkeit, eine quadratische Funktion aufzustellen, ist die sog. Scheitelpunktform:

Der Funktionsterm einer quadratischen Funktion $f: \mathbb{R} \to \mathbb{R}$ befindet sich in der **Scheitelpunktform**, falls sie einen Funktionsterm der Form $f(x) = a(x - d)^2 + e$ mit $a \neq 0$ hat. Hierbei ist d die x-Koordinate und e die y-Koordinate des **Scheitelpunkts** des Funktionsgraphen.

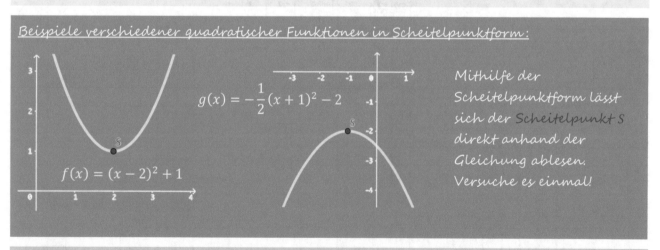

Der Parameter a hat in der Scheitelpunktform genau denselben Wert und dieselbe Bedeutung wie in der Normalform. Für die anderen Parameter gilt das aber meistens nicht! Insbesondere gibt z. B. c in der Normalform den Schnitt mit der y-Achse an, e in der Scheitelpunktform jedoch die y-Koordinate des Scheitelpunkts. Warum?

1. Gib jeweils den Scheitelpunkt der folgenden quadratischen Funktionen an und skizziere den Funktionsgraphen. Bestimme dann jeweils die zugehörige Normalform.

   (a) $f(x) = (x+2)^2 - 3$ (b) $g(x) = -2(x-4)^2 + 3$

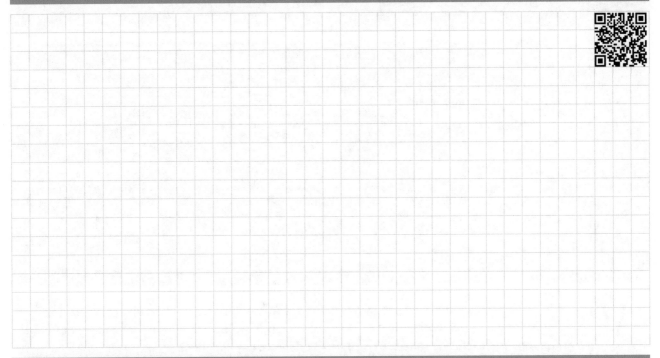

2. Bestimme jeweils die zugehörige Scheitelpunktform der folgenden quadratischen Funktionen, gib den Scheitelpunkt an und skizziere den Funktionsgraphen.

   (a) $f(x) = x^2 - 8x + 17$ (b) $g(x) = 2x^2 + 4x + 6$

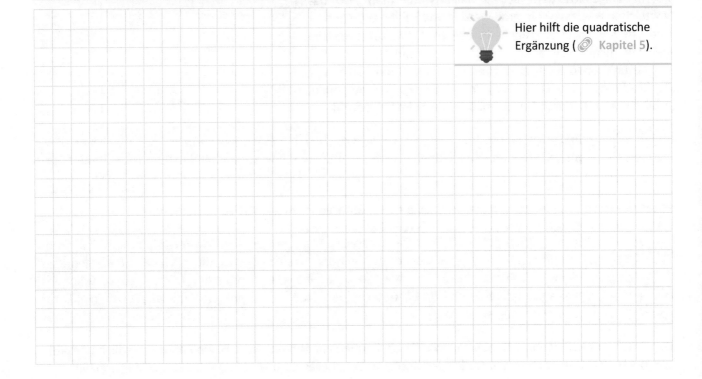

Hier hilft die quadratische Ergänzung (⌖ Kapitel 5).

Potenzfunktionen

Eine Funktion $f\colon \mathbb{R} \to \mathbb{R}$ heißt **Potenzfunktion**, falls ihr Funktionsterm die Form $f(x) = ax^n$ mit $a \neq 0$ und einer natürlichen Zahl n hat.

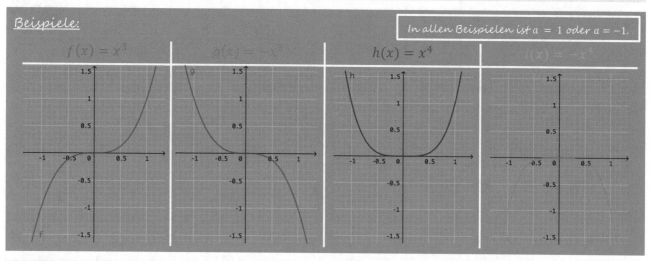

Beispiele:

In allen Beispielen ist $a = 1$ oder $a = -1$.

$f(x) = x^3$ $g(x) = -x^3$ $h(x) = x^4$ $i(x) = -x^4$

Die vier Beispiele oben sind prototypisch für das Aussehen des Graphen einer Potenzfunktion. Je nachdem, ob der Vorfaktor a positiv oder negativ ist, je nachdem ob der Exponent gerade oder ungerade ist. Wie sähe z. B. $j(x) = x^5$ oder $k(x) = -x^6$ aus?

Je größer der Exponent, desto „ausgebeulter" wird dabei der Funktionsgraph einer Potenzfunktion. Das liegt vor allem daran, dass Zahlen kleiner als -1 und größer als 1 in die entsprechende Potenz eingesetzt dem Betrag nach (wenn man also das Vorzeichen weglässt) sehr groß werden und Zahlen zwischen -1 und 1 dem Betrag nach sehr klein werden. Als weiteres Beispiel siehst du rechts die Graphen zu $f(x) = x^{10}$ und $g(x) = x^{100}$. Potenzfunktionen verlaufen zudem immer durch zwei der Punkte $(1, a)$, $(1, -a)$, $(-1, a)$ und $(-1, -a)$. Welche genau, erfährt man z. B. durch Einsetzen. Das hilft beim Skizzieren!

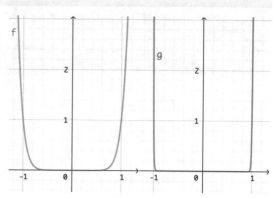

Sind auch konstante, lineare oder quadratische Funktionen Potenzfunktionen? Welche Bedingungen muss man ggfs. an sie stellen, damit sie einen Spezialfall der Potenzfunktionen darstellen?

Potenzfunktionen bilden zudem die Grundlage einer weiteren wichtigen Art von Funktionen:

Eine Funktion $f\colon \mathbb{R} \to \mathbb{R}$ heißt **ganzrationale Funktion**, **Polynomfunktion** oder kurz **Polynom**, falls sie eine Summe beliebiger Potenzfunktionen ist. Ihr Funktionsterm hat dann die allgemeine Form $f(x) = a_n x^n + a_{n-1} x^{n-1} + \cdots + a_2 x^2 + a_1 x + a_0$ mit $a_n \neq 0$. Der größte Exponent aller auftretenden Potenzfunktionen gibt den Grad des Polynoms an. In der allgemeinen Form ist der Grad daher gleich n.

Der Graph von Polynomfunktionen kann vielfältige Formen annehmen und z. B. eine unterschiedliche Anzahl von Hoch- und Tiefpunkten oder Nullstellen besitzen. Genaueres dazu wird in Kapitel 10 besprochen.

1. Bestimme jeweils den Funktionsterm der folgenden Potenzfunktionen. Beachte, dass a hier nicht unbedingt 1 oder −1 sein muss.

(a) $f(x) = $

(b) $g(x) = $

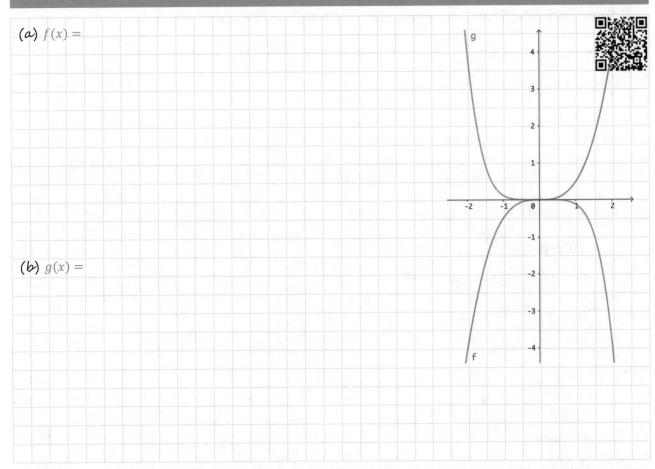

 Eine Funktion $f: \mathbb{R} \to \mathbb{R}$ heißt **achsensymmetrisch**, wenn sie an der y-Achse gespiegelt ist.
Eine Funktion $f: \mathbb{R} \to \mathbb{R}$ heißt **punktsymmetrisch** (zum Ursprung), wenn sie an der y-Achse und danach an der x-Achse gespiegelt ist oder anders ausgedrückt, wenn sie sich um 180° am Ursprung des Koordinatensystems drehen lässt. In Formeln bedeutet das:
Achsensymmetrisch: Wenn $f(x) = f(-x)$ gilt für alle x, die man einsetzen darf.
Punktsymmetrisch: Wenn $f(x) = -f(-x)$ gilt für alle x, die man einsetzen darf.

2. Im Beispiel links sind also $f(x)$ und $g(x)$ punktsymmetrisch, $h(x)$ und $i(x)$ achsensymmetrisch. Welche der folgenden Potenzfunktionen ist achsensymmetrisch, welche punktsymmetrisch? Entscheide nach Möglichkeit im Kopf und versuche eine allgemeine Regel aufzustellen!

$$b(x) = \frac{1}{12}x^4 \qquad c(x) = 3{,}5x^{12} \qquad e(x) = \frac{1}{3}x^2$$

$$a(x) = -2x^7 \qquad d(x) = -3x \qquad d(x) = -3x \qquad f(x) = ax^n \text{ mit einer Zahl } a \in \mathbb{R} \text{ und } n \in \mathbb{N}$$

Exponentialfunktionen

Der Funktionsterm einer Potenzfunktion besteht aus einer Potenz. Bei Exponentialfunktionen ist das ähnlich, aber diesmal wird nicht für die Basis, sondern für den Exponenten eingesetzt:

 Eine Funktion $f: \mathbb{R} \to \mathbb{R}$ heißt **Exponentialfunktion**, falls sie einen Funktionsterm der Form $f(x) = a \cdot b^x$ mit $a \neq 0$ hat. Hierbei ist $b \in \mathbb{R}^+$ die **Basis** der Exponentialfunktion. Der Parameter a wird auch **Anfangswert** genannt.

Exponentialfunktionen werden benutzt, um Prozesse **exponentiellen Wachstums** oder **Zerfalls** zu beschreiben. Das bedeutet, dass sich ein Anfangswert bei jedem Zeitschritt mit einem immer gleichen Faktor vervielfacht.

Beispiele:

Bei einer Zombieapokalypse verdreifacht sich die Menge der infizierten Personen etwa einmal jede Stunde. Die Apokalypse beginnt mit einer Mutation bei einem Menschen.

Zum Zeitpunkt 0 gibt es nur den Ausgangspatienten. Nach einer Stunde hat sich die Zahl der Zombies verdreifacht, sodass es 3 Infizierte gibt. Nach 2 Stunden gibt es schließlich 9, usw. Die Anzahl der vorhandenen Zombies lässt sich daher mit der Exponentialfunktion $z(x) = 1 \cdot 3^x$ beschreiben.

Plutonium ^{238}Pu hat eine Halbwertszeit von etwa 88 Jahren, d. h., eine vorhandene Menge Plutonium halbiert sich alle 88 Jahre.

Wir gehen davon aus, dass zu Beginn eine Menge a vorhanden ist. Diese halbiert sich dann zu $a \cdot \frac{1}{2}$ nach 88 Jahren. Nach weiteren 88 Jahren halbiert sie sich erneut, sodass dann eine Menge von $a \cdot \frac{1}{2} \cdot \frac{1}{2} = a \cdot \frac{1}{4}$ vorhanden ist, usw. Die Menge des noch vorhandenen Plutoniums lässt sich daher mit der Exponentialfunktion $p(x) = a \left(\frac{1}{2}\right)^x$ beschreiben. Hierbei steht eine Einheit von x immer für einen Zeitraum von 88 Jahren.

(Für die Skizze wurde $a = 1000\,g$ gesetzt.)

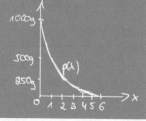

 Wieso heißt a eigentlich Anfangswert? Wenn die Variable x die Zeit beschreibt, was passiert dann mit der Funktion zum Zeitpunkt $x = 0$?

Eine Exponentialfunktion hat für die Mathematik eine ganz besondere Bedeutung. Wir beschäftigen uns in Kapitel 10 genauer mit ihr.

Die Exponentialfunktion $f: \mathbb{R} \to \mathbb{R}$ mit der Funktionsgleichung $f(x) = e^x$ heißt **natürliche Exponentialfunktion**. Hierbei ist e die sog. **Eulersche Zahl** und hat ungefähr den Wert $e \approx 2,7182818\ldots$

1. (a) Versuche näherungsweise herauszufinden, wann im Plutonium-Beispiel weniger als 100 g Plutonium vorhanden ist, falls es zu Beginn 1000 g waren.

(b) Versuche näherungsweise herauszufinden, wann im Zombie-Beispiel die Menschheit vollständig infiziert ist. Gehe von einer Weltbevölkerung von ungefähr 7,5 Milliarden Menschen aus. (Hier brauchst du wahrscheinlich einen Taschenrechner.)

 Ist es im Plutonium-Beispiel möglich, dass das radioaktive Material vollständig zerfällt? Schneidet sich der Funktionsgraph mit der x-Achse?

2. Angenommen, man könnte ein DIN-A4-Blatt so oft halbierend falten, wie man möchte. Wie oft müsste man es falten, damit es höher als der Berliner Fernsehturm ist? Schätze zunächst! Stelle dann eine Funktion $b(x)$ auf, die für die Male des Faltens x die Höhe des Papierstapels angibt.

Wichtige Werte:
Höhe des Turms: 368 m
Papierstärke: 0,1 mm

Begriff der Umkehrfunktion

Bei den linearen Funktionen haben wir zwei Beispiele betrachtet:

- Die Funktion $f(x) = 20x$ gibt das gesparte Geld in Abhängigkeit der Anzahl an Monaten x an.
- Die Funktion $g(x) = -0,5x + 100$ gibt das Gewicht einer Person in Abhängigkeit der Anzahl an Wochen x an.

Wie geht man aber vor, wenn man zu einem gewissen Geldbetrag die dafür notwendige Spardauer oder die für ein gewisses Zielgewicht notwendige Länge der Diät wissen möchte? Wie kann man also den funktionalen Zusammenhang „umdrehen"?

Die Funktion $f^{-1}\colon \mathbb{R} \to \mathbb{R}$ zu einer Funktion $f\colon \mathbb{R} \to \mathbb{R}$, die die beiden beteiligten Größen in umgekehrter Richtung zuordnet, heißt **Umkehrfunktion**. Hierbei ist „f^{-1}" nur eine Bezeichnung und hat nicht unbedingt etwa mit „1 geteilt durch zu tun"

Bei einfachen Funktionen wie z. B. linearen Funktionen kann man die Umkehrfunktion durch direktes Umstellen der beiden Größen bestimmen:

Beispiel Sparen

$y = f(x) = 20x \mid : 20$

$\Leftrightarrow \dfrac{y}{20} = x$

Für jeden Geldbetrag y ergibt sich so die zugehörige Spardauer x. Als Funktion schreibt man $f^{-1}(y) = \dfrac{y}{20}$.

Beispiel Abnehmen

$y = g(x) = -0,5x + 100 \mid - 100$

$y - 100 = -0,5x \mid : (-0,5)$

$-2y + 200 = x$

Für jedes Gewicht y ergibt sich so die zugehörige Abnehmdauer x. Als Funktion schreibt man $g^{-1}(y) = -2y + 200$.

Da aber y als Funktionsvariable unüblich ist, schreibt man die entsprechende Funktionsgleichung der Umkehrfunktion meist wieder mit x auf, also $f^{-1}(x) = \dfrac{x}{20}$ bzw. $g^{-1}(x) = -2x + 200$.

Ob man eine Umkehrfunktion korrekt bestimmt hat, kann man z. B. herausfinden, wenn man beide Funktionen ineinander einsetzt, also z. B. $f^{-1}(f(x))$ berechnet. Für das erste Beispiel ergibt das $f^{-1}(f(x)) = f^{-1}(20x) = \dfrac{20x}{20} = x$, denn wenn man erst das ersparte Geld für eine gewisse Menge an Monaten x bestimmt und dann die Menge Monate, die nötig sind, um dieses Geld zu ersparen, erhält man natürlich wieder x. Grafisch bedeutet dieser Zusammenhang, dass die Funktionsgraphen von Ausgangs- und Umkehrfunktion genau an der Winkelhalbierenden $w(x) = x$ gespiegelt sind.

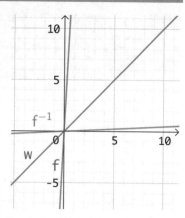

Genau wenn f^{-1} Umkehrfunktion zu f ist, gilt der Zusammenhang $f^{-1}(f(x)) = x$ und auch $f(f^{-1}(x)) = x$.

Nicht jede Funktion besitzt eine Umkehrfunktion. Versuche z. B. $h(x) = x^2$ umzukehren. Hier ist $h(1) = 1$ und $h(-1) = 1$. Was soll also $h^{-1}(1)$ sein? Beides gleichzeitig geht nicht, denn eine Funktion ist eine **eindeutige** Zuordnung. Versuche dir das grafisch zu veranschaulichen. Was kommt heraus, wenn du $h(x)$ an der Winkelhalbierenden spiegelst?

1. Bestimme die Umkehrfunktionen der folgenden linearen Funktionen

   (a) $f(x) = -12x$ (b) $g(x) = \frac{1}{7}x - 2$ (c) $h(t) = -6t - 3$

 Was passiert, wenn man eine Umkehrfunktion erneut umkehrt? Kann eine Funktion mehrere Umkehrfunktionen besitzen? Experimentiere mit den Funktionen aus der obigen Aufgabe.

2. Zwar kann man quadratische Funktionen nicht für den gesamten üblichen Definitionsbereich $\mathbb{R}$ umkehren. Man kann aber Umkehrfunktionen finden, die nur für einen Teil der möglichen Werte gelten.
   Versuche eine Umkehrfunktion für $f(x) = x^2$ zu finden, die zumindest für einen Teil der einsetzbaren Werte gilt. Welche sind das?

 Man kann Umkehrfunktionen auch grafisch bestimmen. Hierzu macht man sich zunutze, dass eine Funktion und ihre Umkehrfunktion an der Winkelhalbierenden $w(x) = x$ gespiegelt sind.

3. Welche der folgenden Funktionen sind zumindest für einen gewissen Definitionsbereich Umkehrfunktionen zueinander? Finde Paare!
   Hier ist der Tipp links hilfreich!

$p(x) = \frac{1}{3}x - \frac{2}{3}$ $k(x) = \frac{1}{3}x + \frac{2}{3}$

$t(x) = -0{,}5x - 2{,}5$

$i(x) = 2x + 5$

$f(x) = 3x - 2$ $h(x) = \frac{1}{2}\sqrt[3]{x}$ $j(x) = -2x + 5$ $g(x) = 2x^3$

Logarithmusfunktionen

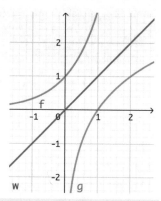

Wir haben gesehen, dass man Umkehrfunktionen linearer Funktionen durch Umstellen der Variablen bestimmen kann. Dies klappt unter gewissen Bedingungen auch bei quadratischen und Potenzfunktionen. Möchte man Exponentialfunktionen wie $f(x) = 3^x$ umkehren, stößt man jedoch schnell an die Grenzen dieses Verfahrens. Wie soll man $y = 3^x$ nach x umstellen?

Auch hier hilft der grafische Trick. Spiegelt man $f(x) = 3^x$ an der Winkelhalbierenden $w(x)$, erhält man im Koordinatensystem eine Funktion $g(x)$. Diese ist die Umkehrfunktion von $f(x)$, d. h. $f^{-1}(x) = g(x)$.

Die Umkehrfunktion $f^{-1}: \mathbb{R}^+ \to \mathbb{R}$ einer Exponentialfunktion $f: \mathbb{R} \to \mathbb{R}^+$ mit $f(x) = b^x$ heißt **Logarithmusfunktion** oder kurz **Logarithmus** zur Basis $b \in \mathbb{R}^+$. Man schreibt für $f^{-1}(x)$ dann $\log_b(x)$. In obigem Beispiel ist $b = 2$. Die wichtigsten Logarithmusfunktionen sind der sog. **dekadische Logarithmus** $\log_{10}$, der **duale Logarithmus** $\log_2$ sowie der **natürliche Logarithmus** $\log_e$. Ersteren bezeichnet man oft auch schlicht als log, letzteren als ln.

In der obigen Definition dürfen in f^{-1} nur positive reelle Zahlen eingesetzt werden. Dies liegt daran, dass $f(x) = b^x$ nur positive Werte annehmen kann. Da f also keine negativen Werte annimmt, kann f^{-1} auch keine entsprechenden Zuordnungen rückgängig machen.

Direktes Umformen mithilfe des Logarithmus

Mithilfe des Logarithmus lassen sich Aufgaben, wie sie bei den Übungsaufgaben zu Exponentialfunktionen vorkamen, ganz komfortabel lösen. Wann z. B. werden alle 7,5 Milliarden Menschen bei einer der Funktion $z(x) = 1 \cdot 3^x$ entsprechenden Zombieapokalypse infiziert sein?

$$z(x) = 7\,500\,000\,000$$
$$\Leftrightarrow \quad 3^x = 7\,500\,000\,000 \mid \log_3$$
$$\Leftrightarrow \quad \log_3(3^x) = \log_3(7\,500\,000\,000)$$
$$\Leftrightarrow \quad x = \log_3(7\,500\,000\,000) \approx 20{,}6972$$

Auf beiden Seiten der Gleichung wird der Logarithmus zur Basis 3 angewendet. $\log_3$ und 3^x sind Umkehrfunktionen zueinander. Setzt man sie ineinander ein, erhält man daher x.

Der Menschheit bleiben also weniger als 21 Stunden bis zur Auslöschung.

Rechenregeln für Logarithmen

Die folgenden Rechenregeln gelten für beliebige Logarithmen zur Basis b.

Rechenregel	Beispiel
$\log_b(p \cdot q) = \log_b p + \log_b q$	$\log_2(2 \cdot 4) = \log_2 2 + \log_2 4$
$\log_b(p/q) = \log_b p - \log_b q$	$\log_{10}(1/2) = \log_{10} 1 - \log_{10} 2$
$\log_b(p^q) = q \cdot \log_b p$	$\log_3(3^{10}) = 10 \cdot \log_3 3$
$\log_b(p) = \dfrac{\log_a p}{\log_a b}$ (sog. **Basistransformation**)	$\log_3(1000) = \dfrac{\log_{10} 1000}{\log_{10} 3}$

Die letzte Formel zur Basistransformation ist besonders dann wichtig, wenn dein Taschenrechner die Eingabe von Logarithmen mit beliebiger Basis nicht unterstützt. So kannst du z. B. einen Logarithmus zur Basis 3 bestimmen, obwohl z. B. nur eine Taste für den dekadischen und natürlichen Logarithmus existiert.

1. In einem neuangelegten Teich werden 10 Fische ausgesetzt. Diese vermehren sich mit exponentieller Geschwindigkeit, sodass nach zwei Wochen bereits 100 Tiere im Gewässer leben.

   (a) Bestimme eine Exponentialfunktion, die zu jeder Woche x die Anzahl vorhandener Fische angibt.

   (b) Bestimme ihre Umkehrfunktion.

 Der Logarithmus kehrt eine Exponentialfunktion um. Der Ausdruck $\log_b(x)$ fragt daher danach, mit welcher Zahl man die Basis b potenzieren muss, damit x herauskommt. Der Logarithmus ist also immer ein Exponent. Ganz plump ausgedrückt geht es um die Frage: b hoch was ist x?

2. Bestimme die folgenden Ausdrücke im Kopf und nutze dazu obigen Tipp.

$\log_a(1)$

$\log_2(8)$

$\log_3(\sqrt{3})$

$\log_x\left(\frac{1}{x}\right)$

$\log_a(a^x)$

$\log_2 2 + \log_2 4$

3. Bestimme die Umkehrfunktionen der folgenden Funktionen und prüfe geeignet.

   (a) $f(x) = 7^x$ (b) $g(n) = \frac{1}{3} \cdot 1{,}19^n$ (c) $h(x) = -12 \cdot \pi^{2x} + 1$

Trigonometrische Funktionen

In Kapitel 7 haben wir bereits das Wissen zu Sinus, Cosinus und Tangens aufgefrischt. Hier wurde jeder dieser Begriffe als Seitenverhältnis zweier Seiten im rechtwinkligen Dreieck aus Sicht eines der Winkel definiert. Genauer kann man auch sagen, dass jedem solchen Winkel durch Sinus, Cosinus oder Tangens ein bestimmtes Seitenverhältnis *zugeordnet* wird. Du merkst es schon, man kann also aus den drei Begriffen Funktionen machen, die sog. **trigonometrischen Funktionen**:

> Die beiden Funktionen sin und cos ordnen jedem Winkel x das zugehörige Seitenverhältnis entsprechend der Definition in Kapitel 7 zu. Hierbei nehmen die Funktionen nur Werte zwischen −1 und 1 an.

Als Winkelmaß wird hierbei jedoch nicht wie üblich das Gradmaß benutzt, sondern das sog. **Bogenmaß**. Bei diesem werden Winkel über die unterschiedlichen Längen eines Kreisbogens des Einheitskreises definiert. Rechts ist ein entsprechender Kreis mit Radius 1 abgebildet. Dem dargestellten Winkel $\alpha = 45°$ kann unmittelbar der Kreisbogen d gegenübergestellt werden. Auf diese Weise erhält man für jeden beliebigen Winkel eine entsprechende Kreisbogenlänge des Einheitskreises. Genau diese Zahl gibt die Größe des Winkels im Bogenmaß wieder.

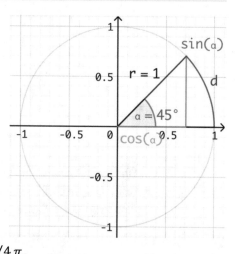

Um die genaue Länge von d zu bestimmen, kann man die Kreisumfangsformel benutzen: Der Umfang des Einheitskreises beträgt $U = 2\pi \cdot 1 = 2\pi$. Ein Winkel von $45°$ nimmt genau 1/8 des Gesamtwinkels von 360° eines Kreises ein. Somit muss $d = 1/8\, U = 1/8 \cdot 2\pi = 1/4\,\pi$ betragen. Ein Winkel von 45° entspricht im Bogenmaß also dem Wert $1/4\,\pi$.

Die Hypotenuse des skizzierten Dreiecks ist gleichzeitig Radius und hat daher die Länge 1. Anhand der bekannten Definitionen folgt somit $\sin(\alpha) = \frac{\text{Gegenkathete}}{\text{Hypotenuse}} = $ Gegenkathete und $\cos(\alpha) = \frac{\text{Ankathete}}{\text{Hypothenuse}} = $ Ankathethe. Die Gegenkathete des skizzierten Dreiecks liefert also den Sinus, die Ankathete den Cosinus.

> Die Funktion, die sich als Quotient aus Sinus und Cosinus ergibt, heißt **Tangens**.
> Es gilt also $\tan(x) = \frac{\sin(x)}{\cos(x)}$. Der Tangens ist somit nur für $\cos(x) \neq 0$ definiert.

Alle drei Funktionen wiederholen ihre Werte mit jeder Drehung des Kreiswinkels um 360° bzw. im Bogenmaß 2π. Daher gilt $f(x) = f(x + 2\pi)$ für jede trigonometrische Funktion f, also z. B. $\sin(x) = \sin(x + 2\pi)$. Die Funktionsgraphen der drei Funktionen sind daher **periodisch**.

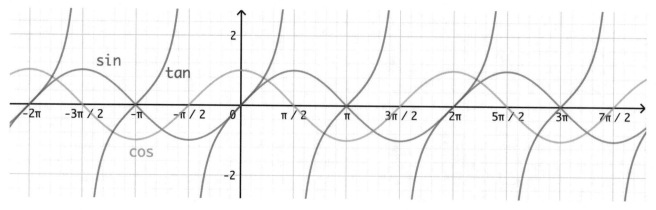

1. Bestimme die Bogenmaße der Winkel (a) 90°, (b) 22,5°, (c) 135° und erstelle entsprechende Skizzen im Einheitskreis, um den Sinus und Cosinus der Winkel näherungsweise zu bestimmen.

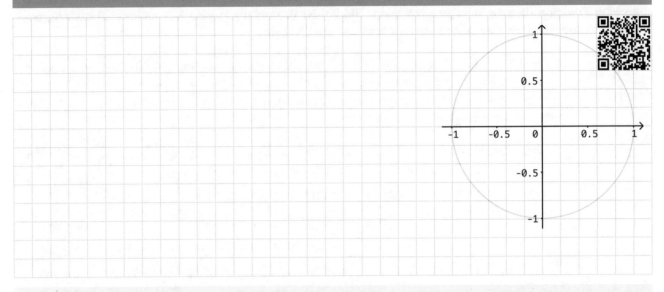

Eine ganze Drehung beträgt im Gradmaß 360°. Im Bogenmaß beträgt sie 2π. Ein Winkel im Gradmaß verhält sich 360°, also genau so, wie ein Winkel im Bogenmaß zu 2π. Winkel können also zwischen den beiden Maßen einfach umgeformt werden durch entsprechendes Umstellen der Formel $\frac{\alpha_{\text{Bogenmaß}}}{2\pi} = \frac{\alpha_{\text{Gradmaß}}}{360}$.

2. Ergänze mithilfe obiger Formel die untenstehende Tabelle.

$\alpha_{\text{Gradmaß}}$			90°	45°		1°
$\alpha_{\text{Bogenmaß}}$	2π	π			$\pi/3$	

3. Im Gegensatz zu Sinus und Cosinus kann man in den Tangens nicht alle reellen Zahlen einsetzen. Überlege dir, welche man nicht einsetzen darf und bestimme somit den maximalen Definitionsbereich.

Denke daran, dass man nicht durch 0 teilen kann. In der Aufgabe musst du nicht rechnerisch vorgehen. Versuche stattdessen die links abgebildeten Graphen zur Hilfe zu nutzen.

Funktionen verschieben, strecken, stauchen und spiegeln

Immer wieder kommt es vor, dass man eine gegebene Funktion manipulieren muss – oder dass man Vorteile dadurch hat, dass man in der Lage dazu ist. Im Folgenden findest du eine Liste aller vorkommenden Arten, wie man eine Funktion derartig manipulieren kann. Hierbei ist exemplarisch eine Normalparabel als Ausgangsfunktion f dargestellt. Es kann aber auch jede andere Funktion sein.

 Sei eine beliebige Funktion $f\colon \mathbb{R} \to \mathbb{R}$ gegeben. Dann ist es möglich ihren Graphen zu verschieben, zu strecken, zu stauchen oder zu spiegeln und sie als neue Funktion $g\colon \mathbb{R} \to \mathbb{R}$ zu definieren. In der folgenden Tabelle sind die wichtigsten Manipulationsmöglichkeiten gelistet:

Neue Funktion g	Bedingung	Wirkung	Skizze
$g(x) = f(x) + d$	d positiv	Verschiebung um d nach oben	
$g(x) = f(x) + d$	d negativ	Verschiebung um d nach unten	
$g(x) = f(x + d)$	d positiv	Verschiebung um d nach links	
$g(x) = f(x + d)$	d negativ	Verschiebung um d nach rechts	
$g(x) = cf(x)$	$c > 1$	Streckung um Faktor c entlang der y-Achse	
$g(x) = cf(x)$	$0 < c < 1$	Stauchung um Faktor c entlang der y-Achse	
$g(x) = f(cx)$	$c > 1$	Stauchung um Faktor c entlang der x-Achse	
$g(x) = f(cx)$	$0 < c < 1$	Streckung um Faktor c entlang der x-Achse	
$g(x) = -f(x)$	Keine	Spiegelung an der x-Achse	
$g(x) = f(-x)$	Keine	Spiegelung an der y-Achse	

Beispiel:

Gegeben ist die Funktion $g(x) = 2(x - 3)^3 + 1$. Möchte man diese ungefähr skizzieren, ist es nicht notwendig, eine Wertetabelle zu erstellen. Stattdessen kann man sich von der bekannten Funktion $f(x) = x^3$ ausgehend überlegen, welche Veränderungen die Funktion durchgemacht hat.

- Neben dem x in der Klammer steht eine –3. Die Funktion f wurde also um 3 Einheiten nach rechts verschoben.
- Vor der Klammer steht eine 2. Die Funktion f wurde also um Faktor 2 entlang der y-Achse gestreckt.
- Am Ende steht eine +1. Die Funktion f wurde also um 1 Einheit nach oben verschoben.

So lässt sich die neue Funktion g (rechtes Bild) ausgehend von der Funktion f (linkes Bild) schnell skizzieren, indem die verschiedenen Manipulationen kombiniert werden.

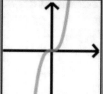 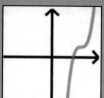

1. Bestimme eine mögliche Funktionsgleichung der folgenden Funktionsgraphen. Überlege dir dazu zunächst, um was für einen Funktionstyp es sich handeln kann, und versuche dann mithilfe von Verschieben, Strecken, Stauchen und/oder Spiegeln die jeweilige Funktionsgleichung zu konstruieren.

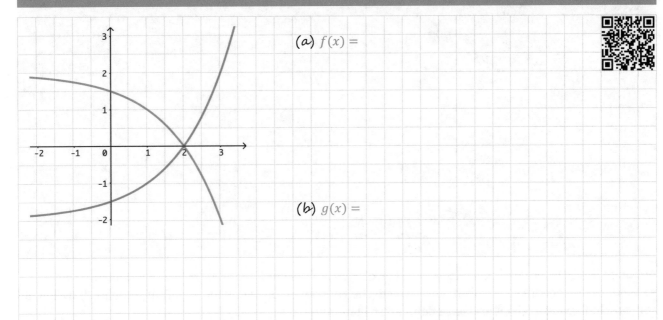

(a) $f(x) =$

(b) $g(x) =$

2. Gegeben ist hier der Funktionsgraph einer Funktion f. Die genaue Funktionsgleichung ist nicht bekannt. Die Funktionen g und h sind durch Verschieben, Strecken, Stauchen und/oder Spiegeln aus f entstanden. Gib ihre Funktionsgleichungen an, als wenn du jene von f kennen würdest. Ein Beispiel (die Funktion i) haben wir vorgelegt.

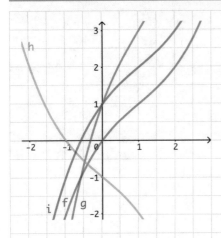

$i(x) = f(x) + 1$

Die Funktion f wurde offenbar um eine Einheit nach oben verschoben: vorher lief sie durch den Punkt $(0|0)$, jetzt durch $(0|1)$. Sie lief außerdem durch $(1|1)$, jetzt durch $(1|2)$. Sie wurde also nicht gestreckt oder gestaucht.

(a) $g(x) =$

(b) $h(x) =$

Vermischte Funktionen

Bisher haben wir vor allem verschiedene Funktionstypen betrachtet. In der Praxis kommt es aber auch häufig vor, dass verschiedene dieser Typen miteinander „vermischt" werden:

<u>Beispiel:</u>

Die Funktion $f(x) = x + \sin(x)$ ist die Summe aus der linearen Funktion mit dem Term x und der Sinusfunktion. Dadurch, dass der Sinus zwischen den Werten -1 und 1 hin- und herpendelt, wird aus der normalen Winkelhalbierenden so eine leichte Schlangenlinie.

Die Funktion $g(x) = x \cdot \sin(x)$ sieht ganz anders aus. Hier wird die Funktion mit dem Term x mit der Sinusfunktion multipliziert statt addiert. Die immer größer werdenden Werte von x bewirken eine immer größer werdende Schwingung der Sinusfunktion (man sagt auch, die Amplitude des Sinus steigt).

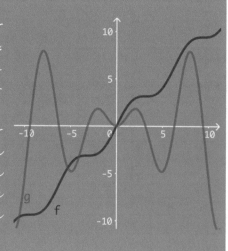

Auf diese Weise ist es möglich, beliebig viele Funktionen auf beliebig komplizierte Weise miteinander zu verbinden. Eine andere Möglichkeit, unterschiedliche Funktionen und Funktionstypen zu „mischen", stellen die sog. **abschnittsweise** oder **stückweise definierten Funktionen** dar:

<u>Beispiel:</u>

Die rechts dargestellte Funktion f hat den folgenden Funktionsterm:

$$f(x) = \begin{cases} -2x & x \leq 0 \\ x^2 & 0 < x \leq 2 \\ 4 & x > 2 \end{cases}$$

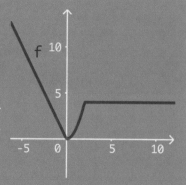

Hierbei ist es üblich, links eine geschweifte Klammer zu schreiben und daneben unterschiedliche Funktionsterme, die für die jeweiligen danebenstehenden Abschnitte gelten sollen. In diesem Beispiel soll für negative und 0 Werte ($x \leq 0$) der Term $-2x$ gelten, sodass die Funktion erst wie eine fallende Gerade aussieht. Dann soll sie wie die Normalparabel zwischen den Werten 0 und 2 aussehen ($0 < x \leq 2$). Schließlich ist sie auf dem dritten Abschnitt für Werte größere als 2 als konstante Funktion definiert ($x > 2$).

Eine abschnittsweise definierte Funktion muss nicht immer durchgängig sein. Sie kann auch Sprungstellen zwischen den Abschnitten haben. Man sagt dann, sie ist an der entsprechenden Stelle **nicht stetig** oder **unstetig**.

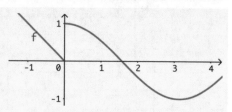

Hier ist ein Beispiel: $f(x) = \begin{cases} -x & x \leq 0 \\ \cos(x) & x > 0 \end{cases}$

Da $-x$ durch den Ursprung läuft, der Cosinus aber bei 0 den Wert 1 hat, entsteht eine solche Sprungstelle. Du musst auch aufpassen, dass klar ist, welchen Wert die Funktion an der Sprungstelle haben soll. Kleiner Test: Welchen Wert bekommt man hier mit $f(0)$ und warum?

1. Skizziere die folgenden abschnittsweise definierten Funktionen. An welchen Übergängen sind die Funktionen stetig, an welchen nicht?

(a)

$$f(x) = \begin{cases} -x + 2 & x \le -2 \\ x^2 & x > -2 \end{cases}$$

(b)

$$f(x) = \begin{cases} -x & x \le -2 \\ -(x - 1)^2 & -2 < x \le 1 \\ \cos(x - 1) & x > 1 \end{cases}$$

2. Bestimme abschnittsweise definierte Funktionsgleichungen für die folgenden Funktionsgraphen.

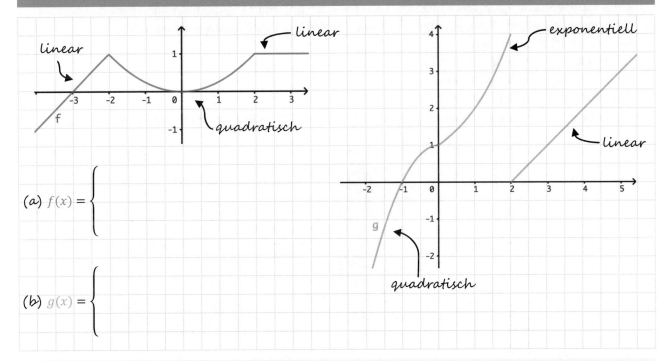

(a) $f(x) = \begin{cases} \\ \\ \\ \end{cases}$

(b) $g(x) = \begin{cases} \\ \\ \\ \end{cases}$

 Welchen Wert hat die Funktion g an der Stelle $x = 2$? D. h., was ist $g(2)$? Ist das überhaupt wichtig? Kann man das am Graphen sehen?

Übungsmix

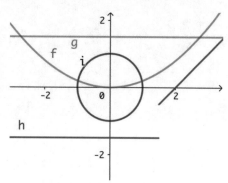

1. Welche der rechts dargestellten Graphen stellen eine Funktion dar?

   Tipp: Überlege dir, was der Teil „genau ein Element" in der Definition einer Funktion bedeutet und schau dir die rote Warnung auf der Seite noch einmal an.

2. Bilde möglichst viele wahre Aussagen der Art „Jede quadratische Funktion ist auch eine Polynomfunktion". Nutze die folgenden Begriffe. Welche lassen sich nicht kombinieren?

   Polynomfunktion   *Quadratische Funktion*   *Trigonometrische Funktion*

   Lineare Funktion   *Konstante Funktion*   *Potenzfunktion*

3. **3.** Bestimme die Nullstellen (d. h. die Stellen, an denen der Graph die x-Achse schneidet) der folgenden quadratischen Funktionen zunächst rechnerisch (Ⓐ Kapitel 5).

   (a) $f(x) = (x - 2)^2 - 3$

   (b) $g(x) = (x + 3)^2 + 1$

   (c) $h(x) = 2x^2 - 1$

   Kontrolliere deine Lösungen, indem du dir überlegst, durch welche Verschiebungen die entsprechenden Funktionen aus der Normalparabel hervorgegangen sind und was dies für die Nullstellen bedeutet.

4. Was bedeutet es für eine Parabel, wenn die zugehörige Nullstellengleichung wie in der obigen Aufgabe keine, eine oder zwei Lösungen hat? Konstruiere möglichst geschickt eine entsprechende quadratische Funktion (z. B. in Scheitelpunktform), die keine, eine oder zwei Nullstellen hat.

5. Konstruiere eine abschnittsweise definierte Funktion, die aus drei Abschnitten besteht, stetig ist und aus einer Exponentialfunktion, einer quadratischen Funktion und einer trigonometrischen Funktion besteht.

6. Gegeben ist die quadratische Funktion $f(x) = x^2$. Konstruiere eine lineare Funktion, die

   (a) keinen Schnittpunkt mit f,

   (b) genau einen Schnittpunkt mit f,

   (c) genau zwei Schnittpunkte mit f hat.

   Tipp: Für diese Aufgabe muss man nicht rechnen!

7. Wir haben hier für dich die Funktion $f(x) = \sin(\frac{1}{x})$ dargestellt. Wie lässt sich ihr Verhalten erklären?

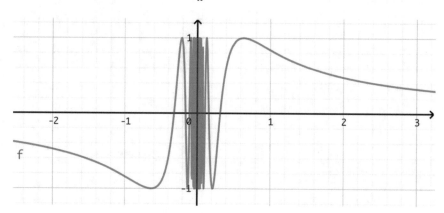

In diesem Kapitel lernst du,

- *Folgen auf Konvergenz bzw. Divergenz zu untersuchen.*
- *Grenzwerte von Folgen zu bestimmen.*
- *Grenzwerte von geometrischen Reihen zu bestimmen.*
- *Grenzwerten von Funktionen zu bestimmen.*
- *Funktionen auf Stetigkeit zu untersuchen.*

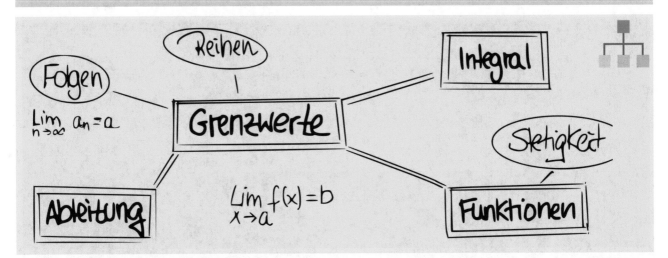

Beispielaufgaben aus diesem Kapitel

1. Betrachte die Folgen (a_n), (b_n) und (c_n) mit $a_n = \frac{1}{n}$, $b_n = (-1)^n \cdot \frac{1}{n}$ und $c_n = a_n + b_n$ jeweils für alle $n \in \mathbb{N}$.
    (a) Gib für (b_n) und (c_n) die ersten fünf Folgeglieder an.
    (b) Berechne jeweils, ab welchem Folgeglied alle Folgeglieder von (b_n) und (c_n) kleiner als 0,001 sind.
    (c) Zeige, dass (b_n) und (c_n) Folgen mit dem Grenzwert null (auch „Nullfolgen" genannt) sind.

2. Gegeben sind zwei geometrische Folgen, die mit den Gliedern $1, \frac{3}{4}, \left(\frac{3}{4}\right)^2, \dots$ bzw. $1, 0,3, 0,3^2, \dots$ beginnen.
    (a) Gib jeweils die ersten vier Glieder der zugehörigen geometrischen Reihe an.
    (b) Bestimme den Grenzwert der zugehörigen geometrischen Reihe.

3. (a) Welche Wert muss a annehmen, damit die Funktion f an allen Stellen stetig ist?
    $$f(x) = \begin{cases} x - 5 & \text{für} \quad x \leq 2 \\ a \cdot x & \text{für} \quad x > 2 \end{cases}$$
    (b) Gib drei verschiedene Paare von Werten (a, b) an, für die die Funktion g an allen Stellen stetig ist.
    $$g(x) = \begin{cases} x^2 - b & \text{für} \quad x \leq -1 \\ a \cdot x^2 & \text{für} \quad x > -1 \end{cases}$$

Grenzwerte von Folgen

Schon in der Grundschule wird erfahrbar, dass es keine größte natürliche Zahl gibt: Man kann (zumindest theoretisch) immer weiterzählen und erreicht schrittweise immer größere Zahlen, die dabei irgendwann größer als jede vorgegebene Zahl werden. Wenn eine Variable n immer größere Werte annimmt und dabei beliebig groß werden soll (z. B. 1, 2, 3, 4 usw.), schreibt man hierfür $n \to \infty$ (sprich: „n gegen unendlich"). Unendlichkeit tritt u. a. bei **Folgen** in Erscheinung, die aus unendlich vielen durchnummerierten reellen Zahlen bestehen.

Zur Verdeutlichung kannst du das Beispiel der Folge $\frac{1}{1}, \frac{1}{2}, \frac{1}{3}, \frac{1}{4}, \frac{1}{5}, \dots$ betrachten. Auch wenn durch die fünf ersten Zahlen klar angedeutet wird, wie die Folge weitergehen könnte, ist die Schreibweise „…" ungenau. Erst wenn du weißt, dass es sich um die Folge der Stammbrüche handeln soll, kennst du die Folge. Eine formale Schreibweise hierfür ist: $(a_n)_{n \in \mathbb{N}}$ mit $a_n = \frac{1}{n}$ für alle $n \in \mathbb{N}$; a_n heißt dabei das **n-te Folgeglied** (z. B. ist das erste Folgeglied $\frac{1}{1}$, das vierte Folgeglied $\frac{1}{4}$ und das 17. Folgeglied $\frac{1}{17}$). Anstelle von $(a_n)_{n \in \mathbb{N}}$ wird auch kürzer (a_n) geschrieben.

> *Wie verhält sich die Folge der Stammbrüche, wenn n immer größer wird?*
>
> *Für alle natürlichen Zahl n ist $\frac{1}{n}$ größer als null und wird kleiner, wenn n größer wird. Für jede vorgegebene (noch so kleine) positive Zahl lässt sich sogar berechnen, ab wann die Folge der Stammbrüche nur noch Folgeglieder hat, die kleiner als diese Zahl sind. Betrachten wir etwa die Zahl $\varepsilon = 0{,}000000000001 = 10^{-12}$.*
>
> *$a_n < \varepsilon$ bedeutet dann $\frac{1}{n} < 10^{-12}$, was äquivalent ist zu $n > 10^{12}$. Ab $n = 10^{12} + 1$ sind also alle Folgeglieder kleiner als $\varepsilon = 10^{-12}$.*
>
> *Allgemein kann man für eine beliebige Zahl $\varepsilon > 0$ sagen, dass jedes Folgeglied a_n mit $n > \frac{1}{\varepsilon}$ kleiner als ε ist. Die Folge kommt null also für größer werdende n beliebig nahe. Man sagt daher auch, dass die Folge konvergiert und den Grenzwert null hat.*

Die obige Betrachtung der Folge der Stammbrüche lässt sich wie folgt verallgemeinern:

Die Folge (a_n) **konvergiert** gegen die reelle Zahl a, wenn ihre Glieder sich für immer größer werdendes n um weniger als jede vorgegebene Zahl $\varepsilon > 0$ von a unterscheiden, d. h., dass für alle $\varepsilon > 0$ eine Nummer s existiert, sodass $-\varepsilon < a_n - a < \varepsilon$ für alle $n \geq s$ gilt.
Die Zahl a wird dann **Grenzwert der Folge** (a_n) genannt und man schreibt $a_n \to a$ für $n \to \infty$ oder kurz: $\lim\limits_{n \to \infty} a_n = a$ („Der Limes von a_n für n gegen unendlich ist die Zahl a.").
Wenn eine Folge nicht konvergiert, dann hat sie keinen Grenzwert, sondern **divergiert**.

Wenn du davon ausgehst, dass eine gegebene Folge gegen den Grenzwert a konvergiert, kannst du die Differenz $a_n - a$ untersuchen. Die obige Bedingung $\varepsilon < a_n - a < \varepsilon$ bedeutet gerade, dass der Abstand zwischen a_n und a kleiner als ε ist, also $|a_n - a| < \varepsilon$ gilt. Zu einem beliebigen $\varepsilon > 0$ musst du nun eine Nummer s finden, ab der diese Bedingung für alle Folgeglieder erfüllt ist.

1. Betrachte die Folgen (a_n), (b_n) und (c_n) mit $a_n = \frac{1}{n}$, $b_n = (-1)^n \cdot \frac{1}{n}$ und $c_n = a_n + b_n$ jeweils für alle $n \in \mathbb{N}$.

   (a) Gib für (b_n) und (c_n) die ersten fünf Folgeglieder an.

   (b) Berechne jeweils, ab welchem Folgeglied alle Folgeglieder von (b_n) und (c_n) kleiner als 0,001 sind.

   (c) Zeige, dass (b_n) und (c_n) Folgen mit dem Grenzwert null (auch „Nullfolgen" genannt) sind.

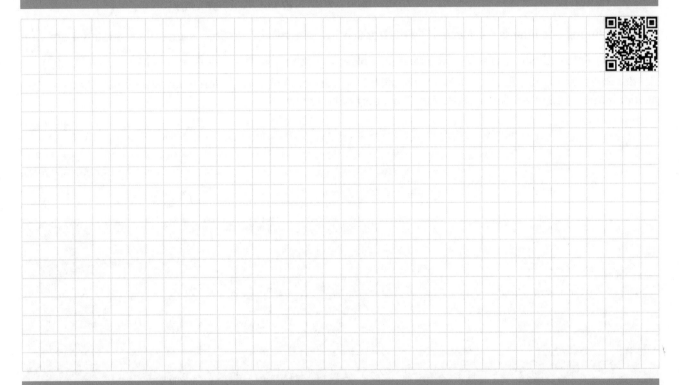

2. Sind die Folgen konvergent oder divergent? Berechne die ersten Folgeglieder, stelle eine Vermutung auf und versuche, deine Vermutung zu begründen.

   (a) (a_n) mit $a_n = 17 - \frac{8}{n}$ (b) (b_n) mit $b_n = n + \frac{1}{n}$ (c) (c_n) mit $c_n = \frac{n+8}{3n-1}$

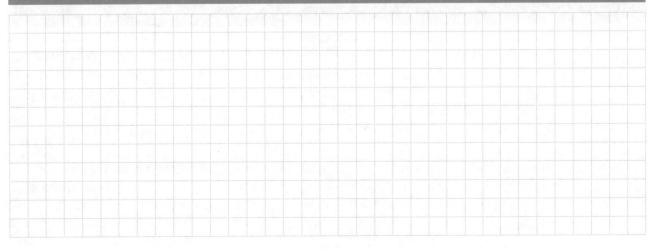

Grenzwerte von (geometrischen) Reihen

In der Abbildung (rechts) wird ein Prozess angedeutet, den man (theoretisch) unendlich weit fortsetzen kann: Das gesamte (äußere) Rechteck hat die Breite 2 m und die Höhe 1 m, also einen Flächeninhalt von 2 m². Im ersten Schritt wird die linke Hälfte des Rechtecks grau gefärbt (1 m²), von der verbliebenen rechten Hälfte wird die obere Hälfte (etwas dunkler) grau gefärbt (1/2 m²) usw.

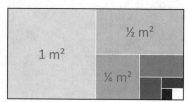

Bei dem angedeuteten Prozess werden nacheinander Rechtecke mit den folgenden Flächeninhalten (im m²) mit einem Grauton gefärbt: $1, \frac{1}{2}, \frac{1}{4}, \frac{1}{8}, \frac{1}{16}, \dots$ Die Maßzahlen bilden also die Nullfolge (a_n) mit $a_n = \left(\frac{1}{2}\right)^{n-1}$.

Zur Berechnung des Inhalts der Fläche, die nach n Schritten insgesamt gefärbt wurde, muss man die ersten n Glieder der Folge addieren. Man erhält eine neue Folge (b_n) mit $b_n = 1 + \frac{1}{2} + \frac{1}{4} + \dots + \left(\frac{1}{2}\right)^{n-1} = \sum_{i=1}^{n} \left(\frac{1}{2}\right)^{i-1}$. Bei der Betrachtung des Rechtecks ist anschaulich klar, dass die Folge (b_n) den Grenzwert 2 hat, da die Folgeglieder immer größer werden und der Zahl 2 beliebig nahe kommen.

Wenn man jeweils die ersten n Glieder einer gegebenen Folge (a_n) addiert so erhält man eine neue Folge (b_n) mit $b_n = a_1 + a_2 + a_3 + \dots + a_n = \sum_{i=1}^{n} a_i$. Die Folge (b_n) wird dann auch die zur Folge (a_n) gehörige **Reihe** genannt. Wenn diese Reihe konvergiert und den Grenzwert b hat schreibt man auch: $\sum_{i=1}^{\infty} a_i = \lim_{n \to \infty} b_n = b$.

Wie kann man den Grenzwert 2 der Folge (b_n) mit $b_n = 1 + \frac{1}{2} + \frac{1}{4} + \dots + \left(\frac{1}{2}\right)^{n-1}$ auch formal bestimmen?

Wenn man b_n mit $1 - \frac{1}{2}$ multipliziert, so erhält man

$$b_n \cdot \left(1 - \frac{1}{2}\right) = \left(1 + \frac{1}{2} + \frac{1}{4} + \dots + \left(\frac{1}{2}\right)^{n-1}\right) \cdot \left(1 - \frac{1}{2}\right) = 1 - \frac{1}{2} + \frac{1}{2} - \frac{1}{4} + \frac{1}{4} - \dots - \left(\frac{1}{2}\right)^{n} = 1 - \left(\frac{1}{2}\right)^{n}, \text{ also}$$

$b_n = \frac{1 - \left(\frac{1}{2}\right)^n}{1 - \frac{1}{2}}$. *Für $n \to \infty$ bleiben die Zahlen in Zähler und Nenner unverändert und $\left(\frac{1}{2}\right)^n$ hat den Grenzwert null, sodass insgesamt $\sum_{i=1}^{\infty} \left(\frac{1}{2}\right)^{n-1} = \lim_{n \to \infty} b_n = \frac{1}{1 - \frac{1}{2}} = \frac{1}{\frac{1}{2}} = 2$ gilt.*

In dem Beispiel hat die Multiplikation mit dem Faktor $1 - \frac{1}{2}$ zu einer „Teleskopsumme" geführt, bei der sich – bis auf den ersten und letzten Summanden – jeweils zwei benachbarte Summanden „aufgehoben" (zu null ergänzt) haben. Dieser „Trick" funtioniert allgemein bei Summen der Form $1 + x + x^2 + \dots + x^{n-1}$ durch Multiplikation mit dem Faktor $1 - x$:
$(1 + x + x^2 + \dots + x^{n-1}) \cdot (1 - x) = 1 - x + x - x^2 + x^2 - \dots - x^n = 1 - x^n$

Eine Folge (a_n) der Form $1, q, q^2, q^3, \dots$, also mit $a_n = q^{n-1}$, wird **geometrische Folge** und die zugehörige Reihe (b_n) mit $b_n = 1 + q + q^2 + \dots + q^{n-1} = \sum_{i=1}^{n} q^{i-1}$ **geometrische Reihe** genannt. Für $-1 < q < 1$, also $|q| < 1$, konvergiert die geometrische Reihe und hat den Grenzwert $\sum_{i=1}^{\infty} q^{i-1} = \lim_{n \to \infty} \frac{1 - q^n}{1 - q} = \frac{1}{1 - q}$.

1. Gegeben sind zwei geometrische Folgen, die mit den Gliedern $1, \frac{3}{4}, \left(\frac{3}{4}\right)^2, \ldots$ bzw. $1, 0{,}3, 0{,}3^2, \ldots$ beginnen.

    (a) Gib jeweils die ersten vier Glieder der zugehörigen geometrischen Reihe an.

    (b) Bestimme den Grenzwert der zugehörigen geometrischen Reihe.

2. Gegeben sind die Folgen (a_n) und (b_n) mit $a_n = 5 \cdot 0{,}8^{n-1}$ und $b_n = \left(\frac{2}{3}\right)^n$ jeweils für alle $n \in \mathbb{N}$. Bestimme die Grenzwerte der zugehörigen Reihen.

Forme die Reihe durch Ausklammern so um oder ergänze die Reihe so, dass du die Grenzwertformel für geometrische Reihen anwenden kannst.

Grenzwerte von Funktionen

Während bei der Untersuchung von Folgen und Reihen auf Konvergenz das Verhalten für immer größer werdende n im Vordergrund steht, ist bei Funktionen häufig das Verhalten an bestimmten Stellen interessant. Dies können z. B. Definitionslücken oder „unübersichtliche" Stellen sein.

Wie verhalten sich die dargestellten Funktionen in der Nähe der Stelle $x = 0$?

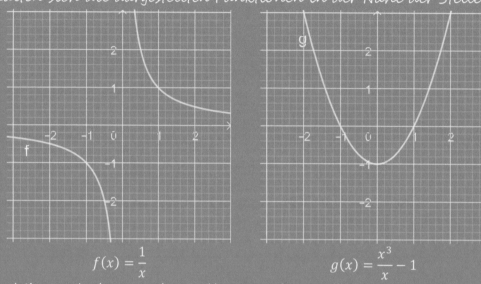

$$f(x) = \frac{1}{x}$$

$$g(x) = \frac{x^3}{x} - 1$$

Beide Funktionen haben an der Stelle $x = 0$ eine Definitionslücke, weil die Variable jeweils im Nenner auftritt. Wenn man sich dieser Stelle von links nähert werden negative Zahlen für die Variable eingesetzt, die 0 beliebig nahe kommen; von rechts kommend werden positive Zahlen eingesetzt, die 0 beliebig nahe kommen.

Wenn man sich bei der Funktion f von links der 0 nähert, so gehen die Funktionswerte gegen $-\infty$; nähert man sich der 0 von rechts, so gehen die Funktionswerte gegen ∞. Das kannst du gut erkennen, wenn du für x z. B. $10^{-1}, 10^{-2}, 10^{-3}, \dots$ (von links) bzw. $10^1, 10^2, 10^3, \dots$ (von rechts) einsetzt.

Wenn man bei der Funktion g eine Zahl $t \neq 0$ einsetzt, so erhält man durch Kürzen $g(t) = t^2 - 1$. An allen Stellen $x \neq 0$ verhält sich die Funktion also wie die um eine Einheit nach unten verschobene Normalparabel ($\Leftrightarrow$ Kap. 8). Daher kommen die Funktionswerte in der Nähe der Stelle $x = 0$ dem Wert -1 beliebig nahe.

Die **Funktion** f hat an der Stelle x_0 den **Grenzwert** a (kurz: $\lim\limits_{x \to x_0} f(x) = a$), wenn die Funktionswerte $f(x)$ in folgendem Sinne dem Wert a beliebig nahe kommen: Zu jeder vorgegebenen (beliebig kleinen) Zahl $\varepsilon > 0$ gibt es ein Intervall um x_0, in der (zumindest für $x \neq x_0$) alle Funktionswerte $f(x)$ um weniger als ε von a abweichen. (Etwas formaler: Zu jedem $\varepsilon > 0$ gibt es ein $\delta > 0$, sodass aus $0 < |x - x_0| < \delta$ zwingend $|f(x) - a| < \varepsilon$ folgt.)

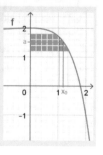

1. Zeige, dass die Funktion f mit $f(x) = \begin{cases} -1 & \text{für} & x < 3 \\ 2 & \text{für} & x \geq 3 \end{cases}$ keinen Grenzwert an der Stelle $x = 3$ hat.

In jedem Intervall um 3 liegen sowohl größere als auch kleinere x-Werte. Was passiert, wenn du dich von links bzw. rechts der Stelle näherst?

2. Zeige, dass die Funktion f mit $f(x) = x \cdot \sin\left(\frac{1}{x}\right)$ an der Stelle $x = 0$ den Grenzwert 0 hat.

Nutze, dass die Werte der Sinusfunktion zwischen -1 und 1 liegen. Dann kannst du allgemein zu einem ε ein passendes δ angeben.

Stetigkeit von Funktionen

Bisher haben wir die Stetigkeit von Funktionen anschaulich im Sinne eines Funktionsgraphen thematisiert, der „durchgezeichnet" werden kann, der also insbesondere keine „Sprungstelle" hat. Mithilfe des Grenzwerts von Funktionen können wir auch die aus der Schule (und ↩ Kap. 8) bekannte Stetigkeit formaler fassen. Die Stetigkeit einer Funktion an einer Stelle ihres Definitionsbereichs bedeutet dann, dass sich der Funktionswert an dieser Stelle im Sinne des Grenzwerts stimmig in die Funktionswerte in einem Intervall um diese Stelle einfügt.

Wie können die dargestellten Funktionen stimmig an der Stelle $x = 0$ ergänzt werden?

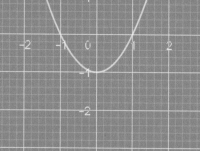

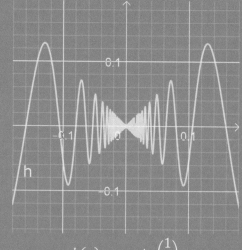

$$g(x) = \frac{x^3}{x} - 1 \qquad\qquad h(x) = x \cdot \sin\left(\frac{1}{x}\right)$$

Auf der vorangehenden Doppelseite haben wir gesehen, dass die Funktion g an der Stelle $x = 0$ den Grenzwert -1 hat und dass die Funktion h an der Stelle $x = 0$ den Grenzwert 0 hat. Dies nutzen wir zur abschnittsweisen Definition von Funktionen, die g und h „stetig fortsetzen":

$$\tilde{g}(x) = \begin{cases} \frac{x^3}{x} - 1 = x^2 - 1 & \text{für} \quad x \neq 0 \\ -1 & \text{für} \quad x = 0 \end{cases} \qquad \tilde{h}(x) = \begin{cases} x \cdot \sin\left(\frac{1}{x}\right) & \text{für} \quad x \neq 0 \\ 0 & \text{für} \quad x = 0 \end{cases}$$

Bei der stetigen Fortsetzung $\tilde{g}$ liegt nun wieder eine „durchzeichenbare" Funktion vor; tatsächlich stimmt $\tilde{g}$ mit der Funktion mit der Gleichung $f(x) = x^2 - 1$ überein. Aufgrund des hochoszillierenden (stark schwingenden) Verhaltens von $\tilde{h}$ in der Nähe der Stelle $x = 0$ kann man hier kaum vom „Durchzeichnen" sprechen – die zeichnerische Darstellung stößt offensichtlich an Grenzen. Dennoch ist die Ergänzung mit $\tilde{h}(0) = 0$ stimmig im Sinne des Grenzwerts von h an dieser Stelle.

Die Funktion f ist **stetig** an der Stelle x_0, wenn der Grenzwert von f an der Stelle x_0 existiert und mit dem Funktionswert von f an dieser Stelle übereinstimmt (kurz: $\lim_{x \to x_0} f(x) = f(x_0)$). Die ε-δ-Definition des Grenzwerts lässt sich dementsprechend direkt für die Definition der Stetigkeit nutzen; der Unterschied besteht darin, dass die Stelle x_0 nicht mehr ausgenommen werden muss, also auch $|x - x_0| = 0$ gelten darf: Zu jedem $\varepsilon > 0$ gibt es ein $\delta > 0$, sodass aus $|x - x_0| < \delta$ zwingend $|f(x) - a| < \varepsilon$ folgt.

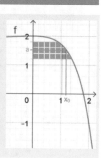

1. Zeige formal, dass die Funktion f mit $f(x) = x^2$ an der Stelle $x = 0$ stetig ist.

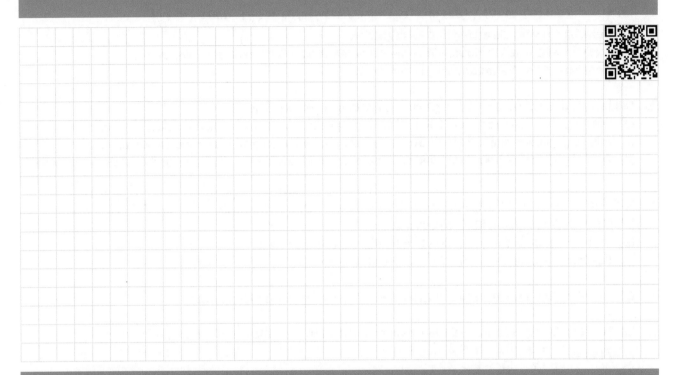

2. Welche der folgenden Funktionen lässt sich an der Stelle $x = 2$ stetig fortsetzen? Begründe deine Antwort.

(a) $f(x) = \frac{1}{x-2}$ (b) $g(x) = \frac{x^2}{x-2}$ (c) $h(x) = \frac{x^2-4}{x-2}$

Übungsmix

1. Untersuche die Folgen (a_n), (b_n) und (c_n) mit $a_n = \left(\frac{7}{8}\right)^n$, $b_n = \left(\frac{9}{8}\right)^n$ und $a_n = \left(\frac{1}{2}\right)^{n-2}$.
   (a) Berechne jeweils die ersten fünf Folgeglieder.
   (b) Stelle jeweils eine Vermutung über die Konvergenz oder Divergenz der Folge auf.
   (c) Versuche, deine Vermutungen zu begründen.

2. Gib jeweils drei Folgen an, die die genannten Bedingungen erfüllen.
   (a) Die Folge hat den Grenzwert 100 und die Folgeglieder werden von Glied zu Glied kleiner.
   (b) Alle Folgeglieder sind kleiner als 50 und größer als −50, die Folge konvergiert aber nicht.
   (c) Die Folgeglieder werden von Glied zu Glied abwechselnd größer und kleiner und die Folge konvergiert.

3. Gegeben sind die Folgen (a_n), (b_n) und (c_n) mit $a_n = \left(\frac{1}{9}\right)^{n-1}$, $b_n = \left(\frac{8}{9}\right)^n$ und $a_n = 5 \cdot \left(\frac{1}{2}\right)^{n-1}$.
   (a) Gib jeweils die ersten fünf Folgeglieder an.
   (b) Berechne jeweils die ersten drei Glieder der zugehörigen Reihe.
   (c) Bestimme jeweils den Grenzwert der zugehörigen Reihe.

4. Gib eine Funktion an, die an zwei unterschiedlichen Stellen keinen Grenzwert hat.

5. (a) Welchen Wert muss a annehmen, damit die Funktion f an allen Stellen stetig ist?
   $$f(x) = \begin{cases} x - 5 & \text{für } x \le 2 \\ a \cdot x & \text{für } x > 2 \end{cases}$$
   (b) Gib drei verschiedene Paare von Werten (a, b) an, für die die Funktion g an allen Stellen stetig ist.
   $$g(x) = \begin{cases} x^2 - b & \text{für } x \le -1 \\ a \cdot x^2 & \text{für } x > -1 \end{cases}$$

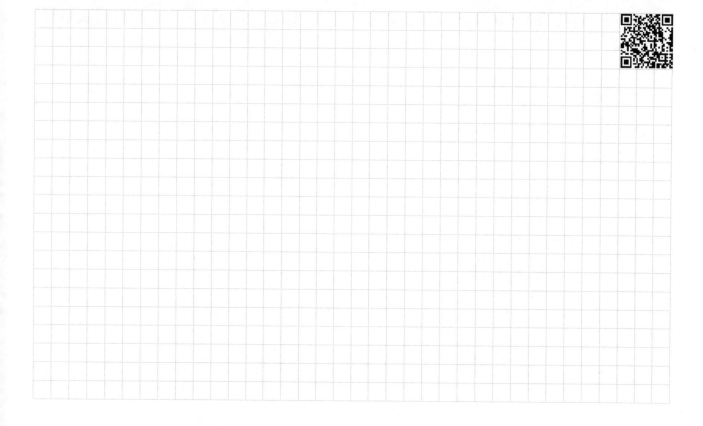

In diesem Kapitel lernst du,

- *wie die Ableitungsfunktion definiert ist.*
- *welche Bedeutung die Ableitungsfunktion hat.*
- *wie man eine Funktion rechnerisch ableitet.*
  - *Summen-, Faktor- und Potenzregel*
  - *Spezielle Ableitungsfunktionen*
  - *Produkt- und Quotientenregel*
  - *Kettenregel*
- *wie du verschiedene Eigenschaften einer Funktion bestimmst.*
  - *Lokale Extremstellen*
  - *Wendestellen*
  - *Monotonieverhalten*
  - *Krümmungsverhalten*
- *wichtige Anwendungen der Differenzialrechnung.*
  - *Extremwertprobleme*
  - *Näherungsweises Bestimmen von Nullstellen*

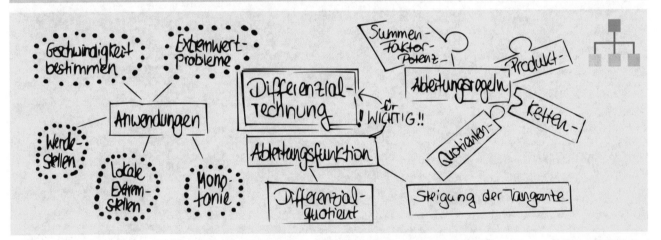

Beispielaufgaben aus diesem Kapitel

1. Bestimme die Ableitung der Funktion $h(x) = 2x^3 + x^2$.

2. Bestimme die Tangente der Funktion $f(x) = x^2 - 2x + 1$ an der Stelle $x_0 = 1$.

3. Bestimme jeweils drei verschiedene Funktionen f_1, f_2 und f_3, die abgeleitet die Funktion $f'(x) = -2x^2 + x - 1$ ergeben.

4. Leite $f(x) = \dfrac{e^x}{x}$ ab, ohne die Quotientenregel zu benutzen.

5. Bestimme rechnerisch Hoch-, Tief-, und Sattelpunkte der Funktion $f(x) = e^{2x^2 + 2x - 3}$.

6. Für welche Werte von a und b ist eine allgemeine Exponentialfunktion auf dem gesamten Definitionsbereich konvex, für welche konkav?

7. Dir stehen 20 Meter Zaun zur Verfügung. Welche rechteckige Form bietet deinem Zwergkaninchen maximalen Auslauf?

Durchschnitts- und Momentangeschwindigkeit

In Österreich versucht man mithilfe der sog. Abschnittskontrolle die Geschwindigkeit von Autofahrern auch über längere Distanzen zu überwachen: Hierbei werden die Autos an einer ersten sowie einige Kilometer weiter an einer zweiten Station erfasst. Anhand der bekannten Länge des Streckenabschnitts d und der Zeit t zwischen beiden Stationen lässt sich die **Durchschnittsgeschwindigkeit** v_d des Autofahrers ermittelt; liegt sie über der erlaubten, droht eine Strafe. Die Berechnung ist dabei einfach: $v_d = \frac{d}{t}$. Dabei hat diese Art der Geschwindigkeits-überwachung auch Nachteile: Fährt man auf einem Teilabschnitt der Strecke zu schnell, kann man dies durch langsames Fahren wieder ausgleichen. Ein herkömmlicher Blitzer funktioniert dabei aber ähnlich. Hier werden z. B. über zwei kurz hintereinander verbaute Kontaktschleifen im Boden überfahrende Fahrzeuge registriert. Ähnlich wie oben wird dann auch über die bekannte Distanz d (wenige Zentimeter) beider Schleifen und der zeitlichen Differenz t des Überfahrens eine Durchschnittsgeschwindigkeit berechnet; diese liegt jedoch deutlich näher an der eigentlichen **Momentangeschwindigkeit**.

Beispiel:

Die nebenstehende Grafik zeigt die zurückgelegte Strecke eines Flugzeugs in Abhängigkeit von der aktuellen Flugdauer. Das Flugzeug startet um 10:00 Uhr.

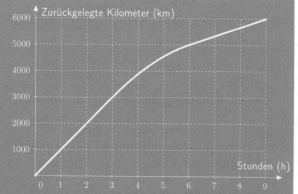

(a) Wie hoch ist die Durchschnittsgeschwindigkeit des Flugzeugs in den ersten 9 Stunden?

(b) Wie hoch ist die Momentangeschwindigkeit des Flugzeugs um 12:00 Uhr und um 18:00 Uhr?

(c) Wie hoch ist die Momentangeschwindigkeit des Flugzeugs um 15:00 Uhr?

Offenbar legt das Flugzeug in den ersten 9 Stunden eine Strecke von 6000 km zurück. Die Durchschnittsgeschwindigkeit beträgt daher $\frac{6000}{9} \approx 666{,}67 \frac{km}{h}$. In den Abschnitten von 0 bis 3 bzw. 6 bis 9 Stunden fliegt das Flugzeug mit konstanter Geschwindigkeit, schließlich scheint der Graph zumindest in diesen Bereichen linear zu sein. Wenn die Geschwindigkeit sich nicht verändert, also konstant bleibt, macht es keinen Unterschied, ob man sich die Durchschnitts- oder Momentangeschwindigkeit anschaut. Wir können also rechnen: $v_{12:00} = \frac{3000}{3} = 1000 \frac{km}{h}$ bzw. $v_{18:00} = \frac{6000-5000}{9-6} = \frac{1000}{3} \approx 333{,}33 \frac{km}{h}$

Möchte man (c) beantworten und die Momentangeschwindigkeit um 15:00 Uhr, d. h. 5 Stunden nach dem Start, bestimmen, klappt es nicht so einfach: Der Graph ist hier gebogen und nicht linear. Die Momentangeschwindigkeit kann man also nur näherungsweise durch eine Durchschnittsgeschwindigkeit (z. B. zwischen 4 und 6 Stunden nach dem Start) bestimmen. Die beträgt hier ungefähr $v_{15:00} \approx \frac{\frac{5000-4000}{6-4}km}{h} = \frac{\frac{1000}{2}km}{h} = 500 \frac{km}{h}$, was aber eben nur eine Näherung darstellt. Könnte man den betrachteten Bereich nicht noch viel kleiner machen, um genauer zu werden? Auf der nächsten Doppelseite sehen wir, dass das geht – sogar unendlich klein!

1. Der Funktionsgraph des Flugzeugs kann zwischen den Werten 3 und 6 durch den Funktionsterm $f(x) = 1000\left(-\frac{1}{9}x^2 + \frac{5}{3}x - 1\right)$ beschrieben werden. Versuche einen genaueren Wert für die Momentangeschwindigkeit um 15:00 Uhr zu bestimmen, indem du die Durchschnittsgeschwindigkeit für ein kleineres Intervall berechnest.

   (a) Betrachte hierzu das Intervall zwischen 4 und 6.

   (b) Betrachte dann das Intervall zwischen 4,5 und 5,5.

   (c) Betrachte abschließend das Intervall zwischen 4,9 und 5,1.

   (d) Was kannst du beobachten? Denke auch an deine Erfahrungen aus Kapitel 9.

Hier geht es nicht darum, besonders gut rechnen zu können. Nutze ruhig den Taschenrechner.

Die Ableitungsfunktion

Ähnlich, wie im bereits dargestellten Zusammenhang von Weg und Zeit und daraus berechneten Durchschnitts- und Momentangeschwindigkeiten, lassen sich viele Zusammenhänge heranziehen, bei denen eine Änderungsrate (nichts anderes ist die Geschwindigkeit im Beispiel) von Bedeutung ist. Etwa die heruntergeladene Datenmenge und die momentane oder durchschnittliche Downloadgeschwindigkeit oder die Menge Kraftstoff im Tank und der momentane oder durchschnittliche Kraftstoffverbrauch. Wie schon im Beispiel zuvor, ist es auch hier so, dass sich die durchschnittliche Änderungsrate umso genauer einer bestimmten Momentänderungsrate annähert, wenn man nur die Messpunkte der Durchschnittsänderungsrate dichter zusammenlegt. Ganz allgemein definiert man daher in der Mathematik:

> Die **Ableitung** $f'(x_0)$ einer Funktion $f: \mathbb{R} \to \mathbb{R}$ **an einer Stelle** x_0 ist definiert als der Grenzwert $f'(x_0) = \lim_{h \to 0} \frac{f(x_0 + h) - f(x_0)}{h}$ (oder alternativ manchmal auch als $f'(x_0) = \lim_{x \to x_0} \frac{f(x) - f(x_0)}{x - x_0}$). Der Bruch hinter dem Limes heißt **Differenzenquotient**. Mit Limes heißt er **Differenzialquotient**.

Das Prinzip ist hier dasselbe wie in der vorangegangenen Übungsaufgabe: Wir haben dort versucht, anhand zweier Punkte des Funktionsgraphen eine Durchschnittsgeschwindigkeit zu bestimmen. Durch einen kleiner werdenden Abstand beider Punkte nähern sich diese Durchschnitte der Momentangeschwindigkeit an. Mit der obigen Grenzwertbildung (Kapitel 9) legt man durch den Grenzprozess $h \to 0$ (bzw. $x \to x_0$) beide Punkte einfach unendlich nah zusammen.

Beispiel:

Gegeben ist die Funktion $f(x) = x^2$. Wie lautet die Ableitung der Funktion an der Stelle $x_0 = 1$, d. h. $f'(1)$? Hierzu zieht man obige Definition heran und setzt ein:

$$f'(x_0) = \lim_{h \to 0} \frac{f(x_0 + h) - f(x_0)}{h} = \lim_{h \to 0} \frac{(x_0 + h)^2 - x_0^2}{h} = \lim_{h \to 0} \frac{x_0^2 + 2x_0h + h^2 - x_0^2}{h}$$

$$= \lim_{h \to 0} \frac{2x_0h + h^2}{h} = \lim_{h \to 0} \frac{h(2x_0 + h)}{h} = \lim_{h \to 0} (2x_0 + h) = 2x_0$$

Im letzten Schritt kann man den Limes auflösen, da h gegen 0 geht und somit verschwindet. Es bleibt also nur $2x_0$ übrig.

Da $x_0 = 1$ gilt, erhalten wir also $f'(1) = 2$, sodass die Ableitung der Funktion f an der Stelle $x_0 = 1$ den Wert 2 hat.

> Die Funktion f', die einer Funktion $f: \mathbb{R} \to \mathbb{R}$ an jeder Stelle ihres Definitionsbereichs den obigen Grenzwert zuordnet (falls dieser existiert), heißt **Ableitungsfunktion** oder kurz **Ableitung von** f. Konkret gilt also $f': \mathbb{R} \to \mathbb{R}$ mit $f'(x) := \lim_{h \to 0} \frac{f(x + h) - f(x)}{h}$. Umgekehrt heißt f auch **Stammfunktion** von f'.

Beispiel (Fortsetzung):

Somit lässt sich nun auch die Ableitungsfunktion von $f(x) = x^2$ angeben. Oben haben wir berechnet, dass $f'(x_0) = 2x_0$ gilt. Hierbei haben wir erst ganz am Ende für $x_0 = 1$ gesetzt. Allgemein kann man also für die Ableitungsfunktion f' von f den Term $f'(x) = 2x$ angeben.

1. Betrachte wieder den Funktionsterm $f(x) = 1000\left(-\frac{1}{9}x^2 + \frac{5}{3}x - 1\right)$, der die zurückgelegte Strecke des Flugzeugs in Abhängigkeit von der Zeit zwischen den Werten 3 und 6 beschreibt. Gehe im Folgenden jeweils wie im Beispiel links vor:

   (a) Wie hoch ist die Momentangeschwindigkeit des Flugzeugs um 15:00 Uhr, d. h. $f'(5)$?

   (b) Bestimme die Ableitungsfunktion f' von f an.

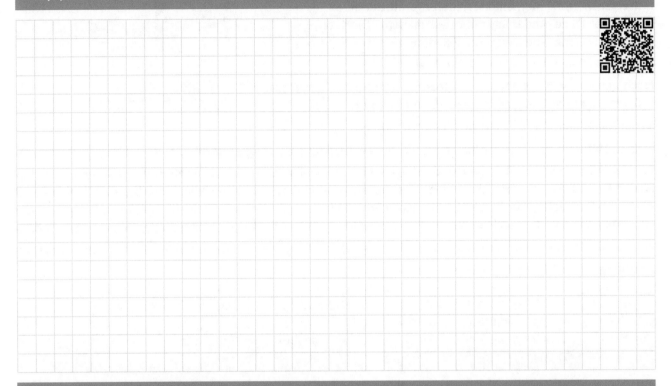

2. Bestimme allgemein die Ableitungsfunktionen der folgenden Funktionen durch Grenzwertbildung.

   (a) $g(x) = 2x^3$ (b) $h(x) = 2x^3 + x^2$

Die Ableitungsfunktion als Steigung der Tangente

Im Bild rechts siehst du beispielhaft eine Funktion f. Auch hier sind wir wieder an der momentanen Änderungsrate der Funktion interessiert, z. B. an der Stelle $x = 2$. Man kann nun wieder wie zuvor vorgehen und versuchen, die momentane Änderungsrate durch durchschnittliche Änderungsraten anzunähern. Die durchschnittliche Änderung der Funktion zwischen den Stellen 0 und 4 berechnet sich z. B. als $\frac{f(4) - f(0)}{4 - 0}$. Noch genauer wird es aber, wenn man stattdessen z. B. die näher um 2 liegenden Stellen 1 und 3 nimmt. Man erhält dann $\frac{f(3) - f(1)}{3 - 1}$. Die hier ins Verhältnis ge-

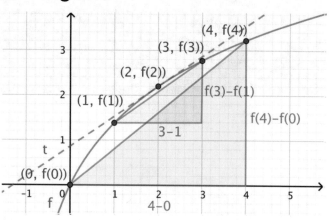

setzten Differenzen kann man sich auch wie in der Abbildung als Steigungsdreiecke vorstellen (Kapitel 8). Die Verhältnisse bilden dann genau die Steigungen der jeweiligen Dreieckshypotenusen, die jeweils Sekanten an den Funktionsgraph von f darstellen. Diese liegen je näher die gewählten Stellen um 2 liegen, offenbar umso näher am Funktionsgraphen. Setzt man diesen Prozess fort, ergibt sich am Punkt $(2, f(2))$ eine Tangente, die den Graphen von f nur noch an diesem Punkt berührt. Auch hier lässt sich die Steigung genau angeben, indem wir wie bisher einen Grenzprozess bilden. Die Steigung der Tangente t ist dann $\lim_{h \to 0} \frac{f(2 + h) - f(2)}{h}$ und somit die Ableitung $f'(2)$. Allgemein gilt also:

Die Ableitung an einer Stelle x_0 ist die Steigung der Tangente t an den Graphen von f an dieser Stelle. Es gilt also $a = f'(x_0)$.
In einer gewissen Umgebung um x_0 stellt t die beste Näherung durch eine lineare Funktion an den Graphen von $f(x)$ dar.
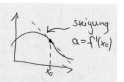

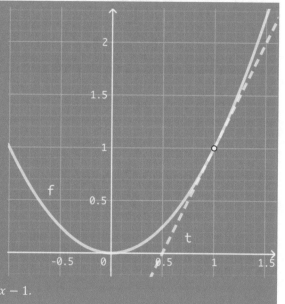

Beispiel (Fortsetzung):
Gegeben ist wieder die Funktion $f(x) = x^2$. Wir haben bereits rausgefunden, dass die Ableitung der Funktion f an der Stelle $x_0 = 1$ den Wert 2 hat, d. h. $f'(1) = 2$ gilt. Nun wollen wir die Tangentengleichung an dieser Stelle bestimmen. Die Tangente t ist eine Gerade und hat daher die Form $t(x) = ax + b$. Hier kann man bereits für $a = f'(1) = 2$ einsetzen, d. h. es gilt $t(x) = 2x + b$. Den noch fehlenden y-Achsenabschnitt b erhält man z. B., wenn man ausnutzt, dass die Tangente durch den Berührpunkt $(1,1)$ verläuft, d. h. $t(1) = 2 \cdot 1 + b = 1$ gilt. Dies kann man zu $b = -1$ umstellen, sodass die Tangentengleichung an der Stelle $x_0 = 1$ lautet: $t(x) = 2x - 1$.

Allgemein lautet die Gleichung der Tangente t an den Graphen der Funktion f an der Stelle x_0:
$$t(x) = f'(x_0) \cdot (x - x_0) + f(x_0)$$

1. Die Ableitungsfunktion der Funktion $f(x) = x^3 - 2x + 1$ lautet $f'(x) = 3x^2 - 2$.

   (a) Bestimme die Gleichung der Tangente an der Stelle $x_0 = 1$.

   (b) Füge der Grafik eine Skizze der Tangente hinzu.

   (c) An welchen Stellen hat die Tangente an den Graphen von f die Steigung 0? Bestimme auch für diese jeweils die Tangentengleichung. Macht es Sinn hier die Formel zu benutzen?

   (d) In welchen Bereichen des Graphen hat die Tangente eine positive, in welchen eine negative Steigung und welcher Zusammenhang besteht zu den Stellen, wo sie die Steigung 0 hat?

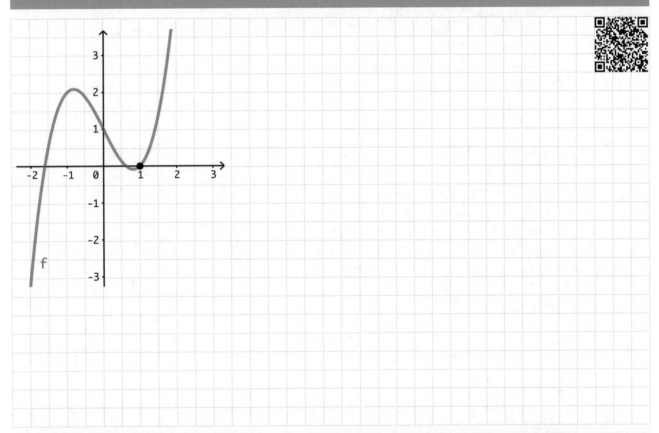

2. Betrachte die konstante Funktion $g(x) = 3$. Überlege dir, welche Steigung die Tangente an die Funktion an einer beliebigen Stelle hat. Was kannst du hieraus für die Ableitung $g'(x)$ der Funktion schließen?

 Häufig werden Ableitung und Tangente miteinander verwechselt! Die Ableitungsfunktion gibt für jede Stelle x_0 die Steigung der Tangente an den Graphen von f an. Beide Begriffe hängen also eng zusammen, die Ableitung ist aber nicht dasselbe wie die Tangente.

Summen-, Faktor- und Potenzregel

Bisher haben wir anhand eines Grenzprozesses die jeweilige Ableitung einer Funktion f an einer einzelnen Stelle x_0 hergeleitet. Hieraus kann man dann zwar, wie wir gesehen haben, auch eine allgemeine Ableitungsfunktion aufstellen (z. B. $f'(x) = 2x$ für $f(x) = x^2$), aber viel praktischer wäre es, wenn man allgemeine „Rechenregeln" hätte, mit denen die Ableitungsfunktion auch ohne mühseligen Grenzprozess bestimmt werden könnte. An einige dieser Regeln wirst du dich wahrscheinlich noch erinnern...

- **Summenregel**: Die Ableitung einer Funktion f der Form $f(x) = g(x) + h(x)$ lautet $f'(x) = g'(x) + h'(x)$. Anders ausgedrückt: Besteht eine Funktion aus einzelnen Summanden, kann jeder Summand auch einzeln abgeleitet werden.
- **Faktorregel**: Die Ableitung einer Funktion f der Form $f(x) = c \cdot g(x)$ mit einer konstanten Zahl $c \in \mathbb{R}$ lautet $f'(x) = c \cdot g'(x)$. Anders ausgedrückt: Steht ein konstanter Faktor c vor einem Funktionsterm, muss man lediglich die Ableitungen des restlichen Funktionsterms bestimmen. Der Faktor bleibt erhalten.
- **Potenzregel**: Die Ableitung einer Potenzfunktion f der Form $f(x) = x^n$ lautet $f'(x) = nx^{n-1}$ für alle $n \in \mathbb{Z}$. Anders ausgedrückt: Die Funktion wird mit dem Exponenten multipliziert, der Exponent um 1 erniedrigt.

Beispiel:

Wir betrachten die Polynomfunktion $f(x) = x^3 - 2x^2 + 3x + 2$ und möchten die Ableitung f' bestimmen. Hierbei können wir jeden Summanden einzeln betrachten (Summenregel). Außerdem bleiben die Vorfaktoren beim Ableiten erhalten (Faktorregel). Den Rest erledigt die Potenzregel: Hierbei wird x^3 zu $3x^2$ und $-2x^2$ zu $-2 \cdot 2x^1$. $3x$ kann auch als $3x^1$ geschrieben werden, sodass man $3 \cdot 1x^0 = 3$ erhält. Die 2 am Ende fällt weg bzw. wird zu 0. Das kann man entweder wie in der vorangegangenen Übungsaufgabe erklären (die Steigung der Tangente an einer konstanten Funktion ist überall 0) oder man schreibt 3 als $3x^0$. Dann erhält man durch Anwenden der Regel $3 \cdot 0 \, x^{-1} = 0$. Insgesamt ergibt sich also $f'(x) = 3x^2 + (-4x) + 3$.

Die Potenzregel sorgt dafür, dass sich bei der Ableitung von Polynomfunktionen der Grad stets um 1 reduziert. Eine Funktion 3. Grades hat also eine Ableitung 2. Grades. Eine Funktion 2. Grades hat eine Ableitung 1. Grades, usw.

Beispiel:

Bisher haben wir immer nur einmal die Ableitungsfunktion gebildet. Natürlich kann man auch die Ableitung der Ableitung bestimmen usw. Betrachten wir z. B. die Funktion $g(t) = t^4 - t^3 + t^2 - t + 1$. Dann gilt: $g'(t) = 4t^3 - 3t^2 + 2t - 1$. Leitet man diese Ableitung nun erneut ab, macht man das mit einem zweiten Strich kenntlich und spricht auch von der „zweiten Ableitung": $g''(t) = 4 \cdot 3t^2 - 3 \cdot 2t + 2 = 12t^2 - 6t + 2$. Auch hier klappt das erneut, sodass man $g'''(t) = 12 \cdot 2t - 6 = 24t - 6$ und schließlich $g''''(t) = 24$ erhält. Die fünfte Ableitung lautet schließlich schlicht $g'''''(t) = 0$, da die vorherige Ableitung eine konstante Funktion ist. Wie lautet wohl die Ableitung von $g'''''(t)$?

1. Bestimme die Ableitungsfunktionen der folgenden Funktionen.

   (a) $f(x) = 3x^3 + 2x^2 - 3x - 4$ (b) $g(x) = 2$ (c) $h(x) = x^n$ mit $n \in \mathbb{N}$

2. Bestimme jeweils drei verschiedene Funktionen f_1, f_2 und f_3, die abgeleitet die Funktion $f'(x) = -2x^2 + x - 1$ ergeben.

3. Finde und korrigiere alle Fehler in dem folgenden Dominospiel und ergänze alle Lücken sinnvoll. Zwei Steine dürfen nur aneinander liegen, wenn eine Funktion Ableitungsfunktion der anderen ist.

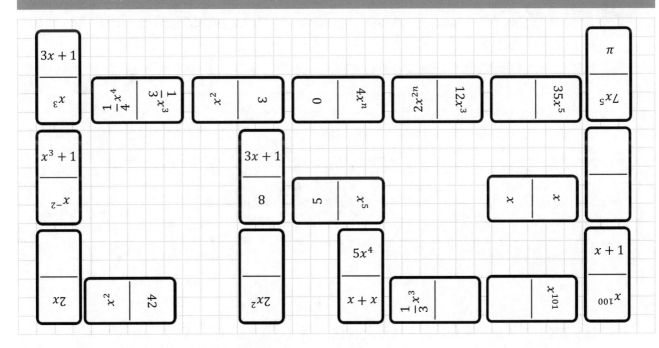

Spezielle Ableitungsfunktionen, Produkt- und Quotientenregel

Neben Polynomfunktionen gibt es natürlich noch viele weitere Funktionstypen (Kapitel 8). Ableitungen dieser lassen sich nicht unbedingt mit den bisher bekannten Regeln bestimmen. Zunächst sollen daher einige Spezialfälle besprochen werden. Hierzu gehören die folgenden:

Spezielle Ableitungen

Funktion f	Ableitung f'	Funktion f	Ableitung f'
$\dfrac{1}{x}$	$-\dfrac{1}{x^2}$	$\sin x$	$\cos x$
$\sqrt{x}$	$\dfrac{1}{2\sqrt{x}}$	$\cos x$	$-\sin x$
e^x	e^x	$\tan x$	$\dfrac{1}{(\cos x)^2}$
a^x	$a^x \cdot \ln a$	$\ln x$	$\dfrac{1}{x}$

Die Exponentialfunktion (auch e-Funktion), die wir schon in Kapitel 8 kennengelernt haben, ist neben einer weiteren Funktion, die einzige, die sich beim Ableiten selbst ergibt. Welche ist die andere?

- **Produktregel**: Die Ableitung einer Funktion f der Form $f(x) = g(x) \cdot h(x)$ lautet $f'(x) = g'(x) \cdot h(x) + g(x) \cdot h'(x)$.
- **Quotientenregel**: Die Ableitung einer Funktion f der Form $f(x) = \dfrac{i(x)}{j(x)}$ lautet $f'(x) = \dfrac{i'(x)j(x) - i(x)j'(x)}{(j(x))^2}$.

Häufig werden die beiden obigen Regeln vergessen. Die Ableitung von $f(x) = x^2 \cdot \sin(x)$ lautet z. B. **nicht** $f'(x) = 2x \cdot \cos(x)$. Hier muss stattdessen die Produktregel angewendet werden, da sich f aus dem Produkt der beiden Funktionen g und h zusammensetzt. Hierbei ist $g(x) = x^2$ und $h(x) = \sin(x)$ – oder umgekehrt!?

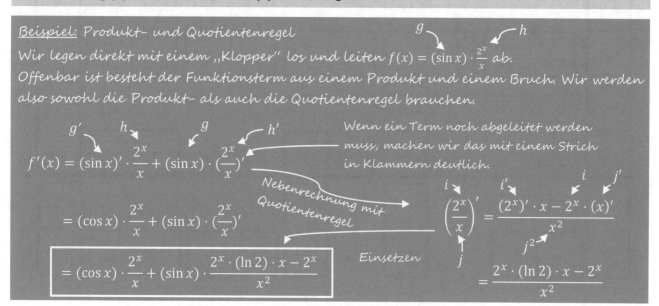

1. Bestimme die Ableitungsfunktionen der folgenden Funktionen. Entscheide jeweils, ob du die Produkt- oder Quotientenregel benötigst.

(a) $f(x) = 2e^x \cdot \tan x$

(b) $g(x) = \dfrac{x^2}{2x + 3}$

(c) $h(x) = 3x^3 \cdot 2x^2$

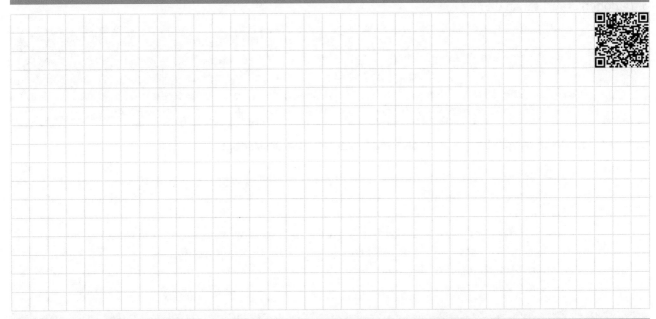

2. Jetzt kommen ein paar kniffligere Dinge:

(a) Leite $f(x) = \dfrac{e^x}{x}$ ab, ohne die Quotientenregel zu benutzen.

(b) Wie oft kann man $g(x) = x^2 e^x$ ableiten, ohne dass die Ableitung zu 0 wird?

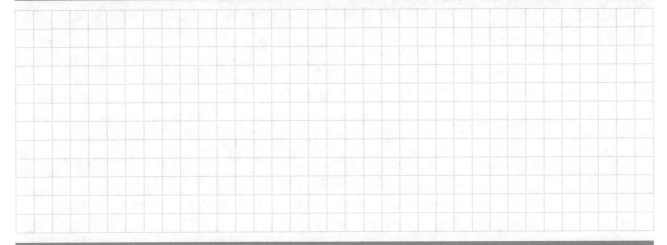

3. (a) Verbinde die folgenden Funktionen per Pfeil mit den jeweiligen Ableitungsfunktionen. Was stellst du fest?

(b) Wie lautet die 1000. Ableitung von $f(x) = \sin x$?

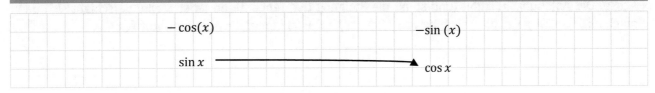

Kettenregel

Inzwischen können wir u. a. dank Produkt- und Quotientenregel schon eine Reihe von Funktionen ableiten. Dennoch fehlt mit der sog. Kettenregel noch ein wichtiger Teil des Ableitungsregelwerks. Aber in welchen Situationen braucht man die?

Betrachten wir etwa die Funktion $f(x) = e^{2x}$. Die Ableitung hier als $f'(x) = e^{2x}$ zu bestimmen, stellt einen beliebten Fehler dar. Wie lautet also die korrekte Ableitung? Wir wissen bereits, dass e^x abgeleitet e^x bleibt. Wir haben aber auch bereits gelernt, dass die e-Funktion neben der Nullfunktion die einzige Funktion ist, die sich beim Ableiten nicht verändert. Für f kann das also nicht genau so gelten. Offenbar braucht es noch eine weitere Regel...

Und zwar wurde im obigen Beispiel die folgende Regel nicht berücksichtigt:

Kettenregel: Die Ableitung einer Funktion f der Form $f(x) = g(h(x))$ lautet $f'(x) = g'(h(x)) \cdot h'(x)$. Anders ausgedrückt: Besteht die Ausgangsfunktion f aus einer äußeren Funktion g, in die eine innere Funktion h eingesetzt wurde, bildet man die Ableitung, indem man die äußere Funktion ableitet (sog. **äußere Ableitung**) und die innere Funktion h unverändert lässt und dann das Produkt mit der Ableitung der inneren Funktion bildet (sog. **innere Ableitung**). Die Regel hat ihren Namen von der Eigenschaft, dass beide Funktionen g und h miteinander verkettet werden.

Beispiel:

Kommen wir zurück zu unserem Problem und leiten $f(x) = e^{2x}$ mit der Kettenregel ab. Hier gilt $g(x) = e^x$ und $h(x) = 2x$, denn es ergibt sich $f(x) = g(h(x)) = e^{2x}$.

$$f'(x) = \underbrace{g'(h(x))}_{} \cdot \underbrace{h'(x)}_{} = e^{2x} \cdot 2 \qquad \overset{\text{Nebenrechnung}}{\longrightarrow} \qquad \begin{array}{l} g'(x) = e^x \\ h'(x) = 2 \end{array}$$

äußere Ableitung und innere Funktion:

innere Ableitung

Noch ein Beispiel:

Nehmen wir die Funktion $f(x) = \cos(x + 2)$. Hier gilt wieder $f(x) = g(h(x))$ mit $g(x) = \cos(x)$ und $h(x) = x + 2$.
Dann ist $f'(x) = -\sin(x + 2) \cdot (x + 2)' = -\sin(x + 2) \cdot 1 = -\sin(x + 2)$.

An obigem Beispiel siehst du, dass sich die innere Ableitung immer dann zu 1 auflöst (und somit ignoriert werden kann), wenn die innere Funktion von der Form $h(x) = x + b$ mit einer Zahl $b \in \mathbb{R}$ ist.

Obiges kannst du dir auch grafisch vorstellen: Ein $+b$ hinter dem x verschiebt den Funktionsgraphen entlang der x-Achse. Die Ableitungsfunktion (und somit die Steigung der Tangente an jeder Stelle) verschiebt sich dann einfach mit, d. h. ist $f'(x)$ die Ableitung von $f(x)$, ist $f'(x + b)$ immer die Ableitung von $f(x)$.

1. Bestimme die Ableitung der folgenden Funktionen.

(a) $f(x) = e^{2x^4}$

(b) $g(x) = \ln(x^3 + x^2 + x)$

(c) $h(x) = 3(\sin x)^3 + 2(\sin x)^2 + 2$

(d) $i(x) = (2x^2 + 1)^2$

(e) $j(x) = 3^{x-2} \cdot \tan(x - 2)$

(f) $k(x) = \sqrt{\sin(\cos(2x))}$

 Entscheide jeweils, ob die Kettenregel hier sinnvoll ist oder ob andere Wege schneller sind.

Ableitung skizzieren und Zusammenhänge verstehen

Rechts siehst du einen Funktionsgraphen einer Funktion f und dazu per Hand skizziert seine Ablei-tungsfunktion. Aber wie hat der Zeichner das hinbekommen, ohne den Funktionsterm der Ausgangsfunktion zu kennen?
Hierzu kann man sich wieder die Bedeutung der Ableitungsfunktion als Steigung der Tangente an einer Stelle in Erinnerung rufen. Wir haben mal eingezeichnet, wie wir

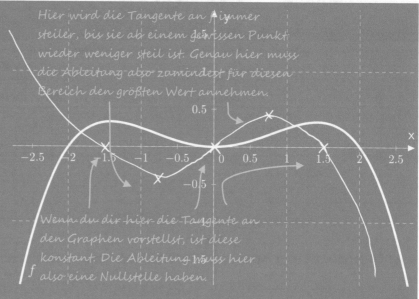

auf die einzelnen Punkte gekommen sind. Natürlich ist die skizzierte Ableitung nicht exakt, sondern beschreibt nur grob den Verlauf der Ableitungsfunktion. Die einzelnen Funktionswerte können so nur schwer geschätzt werden. Man spricht hierbei auch vom sog. grafischen Ableiten.

Differenzierbarkeit

Bisher sind wir immer davon ausgegangen, dass betrachtete Funktionen überhaupt eine Ableitung besitzen. Das ist aber gar nicht immer garantiert der Fall. Eine besondere abschnittsweise definierte Funktion (Kapitel 8) ist die sog. Betragsfunktion $f(x) = |x|$. Hierbei bleiben also positive Zahlen gleich, negative werden positiv, die 0 bleibt 0. Im Bereich außerhalb des Ursprungs ist die Sache klar:

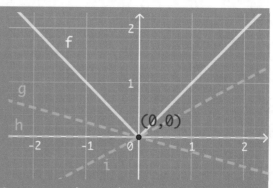

Hier sieht f aus wie eine lineare Funktion (mit den Termen −x bzw. x), aber im Ursprung? Wir haben einmal drei Kandidaten g, h und i eingezeichnet, wie die Tangente hier aussehen könnte – und natürlich könnte man noch mehr zeichnen. Tatsächlich ist es so, dass sich die Ableitung an dieser Stelle nicht bestimmen lässt, da der Grenzwert hierfür nicht existiert. Man sagt f ist bei 0 nicht differenzierbar.

 Immer dann, wenn eine Funktion an einer Stelle einen „Knick" hat, wie der Betrag bei 0, kann man davon ausgehen, dass die Ableitung hier nicht existiert und die Funktion nicht differenzierbar ist.

1. Verbinde jeweils den Funktionsgraphen (Zeile oben) mit dem Graphen der zugehörigen Ableitungsfunktion (Zeile unten).

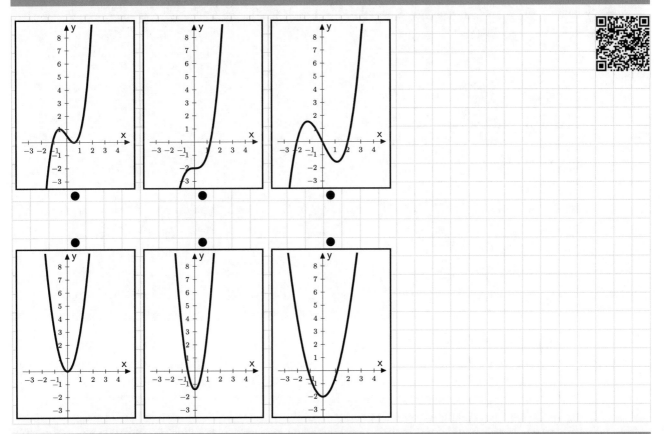

2. Links haben wir uns damit beschäftigt, warum die Ableitung der Betragsfunktion bei 0 aus anschaulichen Gründen nicht existieren kann. Aber wie ist das rechnerisch?
   (a) Schreibe zunächst die Betragsfunktion als abschnittsweise definierte Funktion.
   (b) Versuche die Ableitung an der Stelle $x_0 = 0$ mithilfe des Grenzwerts zu bestimmen. Unterscheide hierbei die beiden Fälle, dass h von rechts (also aus dem Positiven kommend) und h von links (also aus dem Negativen kommend) gegen 0 läuft. Welche Grenzwerte erhältst du und was kann man vermutlich daraus schließen?

Zur Erinnerung:
$$f'(x_0) := \lim_{h \to 0} \frac{f(x_0 + h) - f(x_0)}{h}$$

Lokale Extremstellen

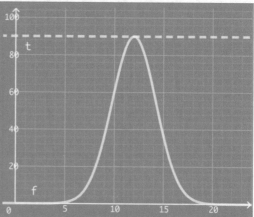

Die nebenstehende Grafik zeigt die Leistungsfähigkeit (in Prozent) einer Solaranlage in Abhängigkeit von der Tageszeit (in Stunden). Für die entsprechende Kurve gilt annähernd die Funktionsvorschrift $f(x) = 90e^{-0,1x^2+2,4x-14,4}$. Anschaulich ist klar, irgendwann zur Mittagszeit strahlt die Sonne am intensivsten und die Anlage gewinnt die meiste Energie. Aber wie kann man das rechnerisch bestimmen?

Wir wissen bereits, dass die Tangente an so einer Stelle konstant ist. Entsprechend muss die Ableitungsfunktion hier den Wert 0 haben. Wir können also wie folgt vorgehen und die Funktion f zunächst ableiten (Achtung, Kettenregel!): $f'(x) = 90e^{-0,1x^2+2,4x-14,4} \cdot (-0,2x + 2,4)$. Gesucht ist jetzt der Wert, für den diese Funktion 0 wird. Der Teil mit der e-Funktion kann niemals 0 werden, also bleibt nur $-0,2x + 2,4 = 0$, was für $x = \frac{2,4}{0,2} = 12$ der Fall ist. Genau um 12 Uhr mittags wird also (laut Modell) die meiste Energie gewonnen.

Eine Funktion $f: \mathbb{R} \to \mathbb{R}$ besitzt einen
- **lokalen Hochpunkt** an der Stelle x_h, falls in einer gewissen Umgebung U um diesen Wert alle anderen Funktionswerte kleiner sind, d. h. $f(x) \leq f(x_h)$ für alle $x \in U$ gilt;
- **lokalen Tiefpunkt** an der Stelle x_t, falls in einer gewissen Umgebung U um diesen Wert alle anderen Funktionswerte größer sind, d. h. $f(x) \geq f(x_h)$ für alle $x \in U$ gilt.

Sowohl x_h als auch x_t bezeichnet man als lokale Extremstelle. Falls f an entsprechender Stelle differenzierbar ist, gilt für eine **lokale Extremstelle** $f'(x_e) = 0$ (sog. **notwendiges Kriterium**).

Zwar gilt für jede lokale Extremstelle $f'(x_e) = 0$, umgekehrt muss aber nicht jede Nullstelle der Ableitung auf eine lokale Extremstelle hinweisen. Ein Gegenbeispiel liefert $f(x) = x^3$ mit $f'(x) = 3x^2$. Für $x_e = 0$ gilt auch $f'(x_e) = 0$, aber wie man sieht, liegt hier ein sog. **Sattelpunkt** vor.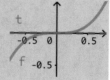

Hinreichendes Kriterium: Eine Funktion $f: \mathbb{R} \to \mathbb{R}$ besitzt einen
- **lokalen Hochpunkt** an der Stelle x_h, falls das notwendige Kriterium und $f''(x_h) < 0$ gilt.
- **lokalen Tiefpunkt** an der Stelle x_t, falls das notwendige Kriterium und $f''(x_t) > 0$ gilt.

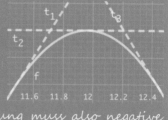

Aber wo kommt dieses hinreichende Kriterium eigentlich her? Bei einem Hochpunkt wie oben hat die Tangente links davon eine positive Steigung (z. B. t_1), wird dabei immer flacher, hat beim Hochpunkt die Steigung 0 (t_2), rechts davon negative Steigung und wird immer steiler (z. B. t_3). Die Werte der Ableitung sind also erst positiv und fallen dann ins Negative. Die Ableitung der Ableitung muss also negative Werte haben, sodass $f''(x_h) < 0$ gilt. Bei Tiefpunkten ist es dann genau umgekehrt.

Ob bei einer Stelle x_e ein Hoch-, Tief- oder Sattelpunkt vorliegt, kannst du auch mit dem Vorzeichen der Ableitungsfunktion herausfinden. Stell dir einfach die Frage: Wie muss sich das Vorzeichen von $f'(x_e)$ ändern, damit ein Hoch-, Tief- oder Sattelpunkt vorliegt?

1. Bestimme jeweils rechnerisch etwaige Hoch-, Tief-, und Sattelpunkte der folgenden Funktionen. Bestimme auch die y-Koordinaten der jeweiligen Punkte.

(a) $f(x) = e^{2x^2+2x-3}$ (b) $g(x) = x^3 + x^2 - 2x$ (c) $h(x) = x^4 + 3x^3 + 2$

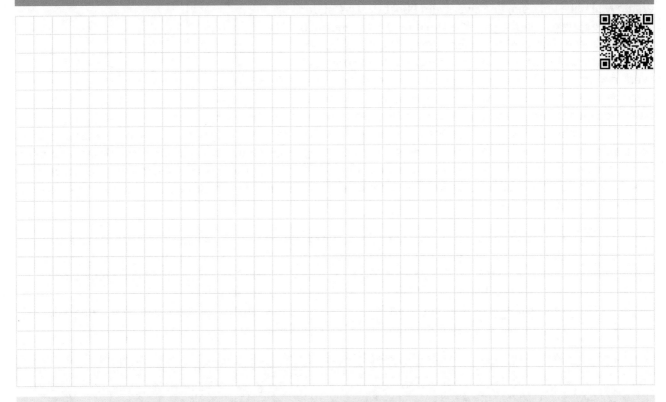

Eine Funktion $f: D \to \mathbb{R}$ besitzt eine **globale Extremstelle** $x_g \in D$, falls $f(x) \leq f(x_g)$ oder $f(x) \geq f(x_g)$ für alle $x \in D$. Im ersten Fall spricht man von einem **globalen Hochpunkt**, im zweiten Fall von einem **globalen Tiefpunkt**. Eine solche globale Extremstelle kann auch lokale Extremstelle sein, muss es aber nicht.

2. Wir betrachten erneut die Funktion g von oben, aber mit verschiedenen Definitionsbereichen D, d. h. es gilt $g: D \to \mathbb{R}$. Überlege dir, was die folgenden Definitionsbereiche für etwaige globale Hoch- und Tiefpunkte bedeuten. Skizziere den Funktionsgraphen ggfs. oder benutze einen Computer.

(a) $D = [-2,2]$ (b) $D = [-1,1]$ (c) $D = [-3,2]$ (d) $D = \mathbb{R}$

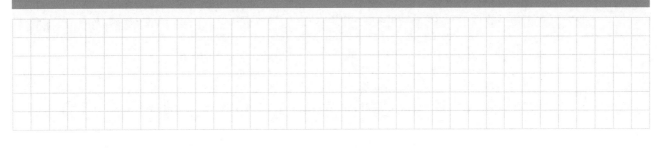

Wendestellen

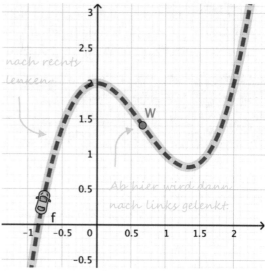

In der Schule werden Wendestellen bzw. Wendepunkte oft mit dem Lenken eines Autos erklärt. Stell dir dazu vor, der Funktionsgraph rechts wäre eine Straße aus der Vogelperspektive. Wenn du mit dem gelben Auto von links unten kommst, lenkst du die ganze Zeit nach rechts. Erst nach der ersten Kurve (dem Hochpunkt) schlägst du den Lenker zum ersten Mal nach links ein, und zwar beim Punkt W. Das ist der sog. Wendepunkt. Die dargestellte Funktion f hat innerhalb des sichtbaren Ausschnitts davon genau einen. Links des Wendepunktes ist die Steigung der Tangente (und somit der Wert der Ableitung) sehr groß, da die Tangente sehr steil wäre. Mit der Rechtskurve wird sie dann immer kleiner, ist beim Hochpunkt kurz 0 und sinkt dann ins Negative – bis zu W. Hier erreicht sie den kleinsten Wert und wird im Verlauf der dann folgenden Linkskurve wieder größer. Wendestellen sind also jene Stellen, an denen die Ableitung einer Funktion innerhalb einer Umgebung maximalen bzw. minimalen Wert annimmt und dann wieder kleiner bzw. größer wird. Da wir nun also den größten bzw. kleinsten Wert der Ableitungsfunktion suchen, ist die Ableitung der Ableitung, d. h. die zweite Ableitung, von besonderem Interesse:

Eine Funktion $f\colon \mathbb{R} \to \mathbb{R}$ besitzt einen **Wendepunkt** an der Stelle x_w, falls in einer gewissen Umgebung U um diesen Wert alle anderen Funktionswerte der Ableitung kleiner oder größer sind, d. h. $f'(x) < f'(x_w)$ oder $f'(x) > f'(x_w)$ gilt. Die Stelle x_w heißt auch **Wendestelle**. Für jede solche Stelle x_w gilt $f''(x_w) = 0$ (**notwendiges Kriterium**).
Hinreichendes Kriterium: Eine Funktion $f\colon \mathbb{R} \to \mathbb{R}$ besitzt eine Wendestelle an der Stelle x_w, falls das notwendige Kriterium und $f'''(x_w) \neq 0$ gilt.

Beispiel:
Wir versuchen, alle Wendestellen der Funktion $f(x) = x^3 + 3x^2 - 1$ zu finden. Hierfür muss also zunächst das notwendige Kriterium erfüllt sein, damit eine Stelle überhaupt in Frage kommt. Hierzu setzen wir die zweite Ableitung der Funktion gleich 0: $f''(x_w) = 6x_w + 6 = 0$. Als einzigen Kandidaten für eine solche Stelle erhalten wir also $x_w = -1$. Das heißt aber noch gar nichts. Wir müssen jetzt noch prüfen, ob das hinreichende Kriterium und somit zusätzlich $f'''(x_w) \neq 0$ erfüllt ist. Die dritte Ableitung ist aber konstant gleich 6 und somit sogar für alle beliebigen Werte ungleich 0. Die Stelle x_w ist also eine Wendestelle.

Nebenrechnung:
$f'(x) = 3x^2 + 6x$
$f''(x) = 6x + 6$
$f'''(x) = 6$

Dass auch das hinreichende Kriterium für eine Wendestelle erfüllt ist, ist wirklich wichtig. Ein Beispiel hierfür bildet die Funktion $f(x) = x^4$. Die zweite Ableitung lautet $f''(x) = 12x^2$. Einzige Nullstelle ist offenbar $x_w = 0$. Man könnte also vermuten, dass hier eine Wendestelle vorliegt. Aber erst, wenn man auch die dritte

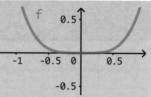

Ableitung prüft, wird deutlich, dass das hinreichende Kriterium nicht erfüllt ist: $f'''(x) = 24x$ und somit gilt $f'''(x_w) = 0$ und nicht $f'''(x_w) \neq 0$. Am Funktionsgraphen wird dann deutlich, dass die Funktion bei 0 tatsächlich keine Wendestelle (sondern einen Tiefpunkt) besitzt.

1. Bestimme jeweils rechnerisch die Wendepunkte der folgenden Funktionen. Bestimme auch die y-Koordinaten der jeweiligen Punkte.

(a) $f(x) = \frac{1}{2}x^2\left(\frac{1}{6}x^2 - 9\right) + 3$ (b) $g(x) = (x+2)e^{-x}$ (c) $h(x) = x^4 + 3x^3 + 2$

2. Konstruiere eine Funktion f mit
   (a) genau einer Wendestelle;
   (b) genau zwei Wendestellen.

 Gehe hierzu am besten rückwärts vor und überlege dir, was das für die zweite und dritte Ableitung bedeutet.

Monotonieverhalten

Die Monotonie einer Funktion ist eine Eigenschaft, die sich immer auf einen Teil des Graphen bezieht, also nicht nur eine Aussage über eine einzelne Stelle trifft.

Eine Funktion $f: \mathbb{R} \to \mathbb{R}$ heißt auf einem gewissen Intervall I
- **monoton steigend**, falls $f(x_1) \leq f(x_2)$ für alle $x_1, x_2 \in I$ mit $x_1 < x_2$ gilt.
- **monoton fallend**, falls $f(x_1) \geq f(x_2)$ für alle $x_1, x_2 \in I$ mit $x_1 < x_2$ gilt.

Wenn sogar $f(x_1) < f(x_2)$ bzw. $f(x_1) > f(x_2)$ gilt, spricht man jeweils auch von **streng monoton steigend** bzw. **streng monoton fallend**. Umfasst I sogar den ganzen Definitionsbereich, gilt also z. B. $I = \mathbb{R}$, nennt man eine Funktion f auch insgesamt (streng) monoton steigend bzw. fallend.

Anschaulich bedeutet der Monotoniebegriff also, dass ein Funktionsgraph, wenn man seinem Verlauf von links nach rechts folgt, immer weiter steigt bzw. fällt:

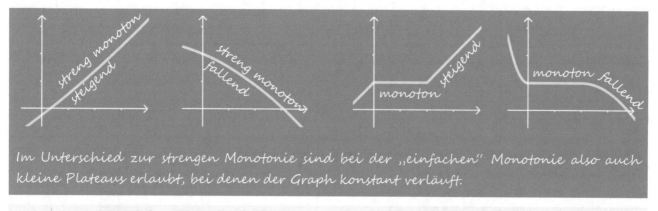

Im Unterschied zur strengen Monotonie sind bei der „einfachen" Monotonie also auch kleine Plateaus erlaubt, bei denen der Graph konstant verläuft.

Die obigen Aussagen beziehen sich nur auf die dargestellten Bereiche des Funktionsgraphen – Wir wissen schließlich nicht, wie die Funktion außerhalb dieser Bereiche verläuft! Wenn eine Funktion zudem z. B. streng monoton steigend ist, dann ist sie auch monoton steigend, da ja aus $f(x_1) < f(x_2)$ immer auch $f(x_1) \leq f(x_2)$ folgt. Genauso folgt aus streng monoton fallend immer auch monoton fallend.

Die Ableitungsfunktion erweist sich bei der rechnerischen Prüfung auf Monotonie als nützliches Tool. Sie beschreibt ja schließlich, ob ein Graph steigt oder fällt, denn steigt der Graph, steigt auch die Tangente, usw.

Eine Funktion $f: \mathbb{R} \to \mathbb{R}$ ist auf einem gewissen Intervall I
- monoton steigend, falls $f'(x) \geq 0$ für alle $x \in I$ gilt.
- monoton fallend, falls $f'(x) \leq 0$ für alle $x \in I$ gilt.

Auch hier gelten die Aussagen wieder für die strenge Monotonie, wenn man statt $\geq$ bzw. $\leq$ jeweils $>$ bzw. $<$ fordert.

Wir schauen uns die Gleichung $f(x) = x^2$ der Normalparabel an. Zugegeben: Hier hat man die Form des Graphen vor Augen und kann auch ohne Rechnen entscheiden. Trotzdem: Es gilt $f'(x) = 2x$. Die Funktion ist genau für $x < 0$ negativ, für $x > 0$ positiv. Auf dem Intervall $I_1 =]-\infty, 0[$ ist f daher nicht nur monoton, sondern sogar streng monoton fallend. Auf dem Intervall $I_2 =]0, \infty[$ umgekehrt monoton und auch streng monoton steigend.

1. Untersuche die folgenden Funktionen rechnerisch auf ihr Monotonieverhalten.

   (a) $f(x) = -4x^4$ (b) $g(x) = (x + 2)e^{-x}$ (c) $h(x) = -2x^3 + 2x$

2. Überlege dir eine Antwort auf die folgenden Fragen:

   (a) Eine Polynomfunktion hat zwei lokale Exstremstellen: Einen Hochpunkt an der Stelle $x = -2$, einen Tiefpunkt an der Stelle $x = 1$. Wie ist ihr Monotonieverhalten?

   (b) Welches Monotonieverhalten hat $f(x) = x^3$? Ist eine Funktion um einen Sattelpunkt streng monoton oder nur monoton?

   (c) Welche Werte kommen bei der folgenden Funktion f für $c \in \mathbb{R}$ in Frage, damit diese monoton steigend ist?

   $$f(x) = \begin{cases} 2x & \text{für} & x < 2 \\ c & \text{für} & 2 \leq x \leq 4 \\ (x - 4)^2 + 6 & \text{für} & x > 4 \end{cases}$$

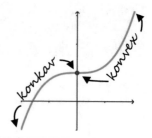

Krümmungsverhalten

Eng verwandt zum Monotonieverhalten einer Funktion ist das sog. Krümmungsverhalten. Hierbei geht es grob gesprochen darum, ob ein Funktionsgraph in einem gewissen Bereich nach links (konvex) oder rechts (konkav) gebogen ist. Anders ausgedrückt geht es um die Frage: Nimmt die Steigung der Tangente beim Ablaufen des
Funktionsgraphen von links nach rechts zu (konvex) oder ab (konkav)?

Eine Funktion $f\colon \mathbb{R} \to \mathbb{R}$ heißt auf einem gewissen Intervall I
- **konvex**, falls eine beliebige Verbindungsgerade zweier unterschiedlicher Punkte des
  Funktionsgraphen von f im Intervall I oberhalb des Funktionsgraphen liegt;
- **konkav**, falls eine beliebige Verbindungsgerade zweier unterschiedlicher Punkte des
  Funktionsgraphen von f im Intervall I unterhalb des Funktionsgraphen liegt.

Zur Überprüfung, ob eine Funktion in bestimmten Bereichen konvex oder konkav ist, kann man
folgendes Kriterium nutzen: Eine Funktion $f\colon \mathbb{R} \to \mathbb{R}$ ist auf einem gewissen Intervall I
- konvex, falls $f''(x) > 0$ für alle $x \in I$ gilt;
- konkav, falls $f''(x) < 0$ für alle $x \in I$ gilt.

Zur Überprüfung des Monotonieverhaltens nutzt man die erste Ableitung. Zur Überprüfung des
Krümmungsverhaltens nutzt man die zweite Ableitung. Anders ausgedrückt macht die Krüm-
mung einer Funktion also auch eine Aussage über die Monotonie der Ableitungsfunktion, denn
die zweite Ableitung ist ja die erste Ableitung der ersten Ableitung. Verwirrt? Dann einfach noch
einmal lesen ☺.

Wir schauen uns mal die Funktion $f(x) = x^3 - 3x^2$ an. Möchte man jetzt rechnerisch das
Krümmungsverhalten untersuchen, benötigt man also die zweite Ableitung f''. Hier ist
interessant, wann diese positive und wann negative Werte hat:
Beginnen wir mit den positiven Werten:
$f''(x) > 0 \Leftrightarrow 6x - 6 > 0 \Leftrightarrow 6x > 6 \Leftrightarrow x > 1$.
Für die negativen Werte sieht die Rechnung ganz ähnlich aus:
$f''(x) < 0 \Leftrightarrow 6x - 6 < 0 \Leftrightarrow 6x < 6 \Leftrightarrow x < 1$.
Für alle Werte $x > 1$ ist die zweite Ableitung also positiv, für alle Werte $x < 1$ ist die zweite
Ableitung negativ. Entsprechend ist f im Intervall $I_1 = {]\infty, 1[}$ also konkav, im Intervall
$I_1 = {]1, \infty[}$ konvex.

> Nebenrechnung:
> $f'(x) = 3x^2 - 6x$
> $f''(x) = 6x - 6$

Das Krümmungsverhalten hängt auch eng mit Wendepunkten zusammen: Eigentlich geht es hier um genau dasselbe. Immer dann,
wenn ein konkaver auf einen konvexen Bereich einer (stetigen) Funktion folgt oder umgekehrt, muss dazwischen ein Wendepunkt liegen.
Das ist auch in obigem Beispiel so. Rechts siehst du eine Skizze der
Funktion $f(x) = x^3 - 3x^2$ samt markiertem Wendepunkt W. Versuche also möglichst effizient vorzugehen, wenn du Wendepunkte
und Krümmungsverhalten einer Funktion bestimmen sollst und rechne nicht umsonst.

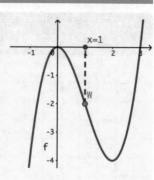

1. Untersuche die folgenden Funktionen auf ihr Krümmungsverhalten.

   (a) $f(x) = -3x^4$ (b) $g(x) = -2x^3 - 2x + 2$ (c) $h(x) = x^4 - 4x^2$

 Bei (c) kann dir dein Wissen über die Nullstellen quadratischer Funktionen weiterhelfen.

2. Überlege dir eine Antwort auf die folgenden Fragen:

   (a) Eine Polynomfunktion hat zwei Wendestellen. Zwischen den beiden Wendestellen besitzt sie genau eine lokale Extremstelle, nämlich einen lokalen Hochpunkt. Was kannst du über ihr Krümmungsverhalten aussagen?

   (b) Die allgemeine Form einer Exponentialfunktion lautet $f(x) = a \cdot b^x$ mit $a \neq 0$ und $b \in \mathbb{R}^+$ (✎ Kapitel 8). Für welche Werte von a und b ist eine solche Funktion auf dem gesamten Definitionsbereich konvex, für welche konkav?

Anzahl der Nullstellen und Linearfaktorzerlegung

Okay, es geht um Differenzialrechnung. Was hat Algebra damit zu tun? Tatsächlich kann der sog. Fundamentalsatz der Algebra aber extrem nützlich sein, wenn man im Rahmen der Differenzialrechnung mit Polynomfunktionen zu tun hat. Aus ihm folgt Folgendes:

Eine Polynomfunktion $f\colon \mathbb{R} \to \mathbb{R}$ mit Grad n besitzt höchstens n verschiedene Nullstellen. Genauer lässt sich eine Polynomfunktion $f\colon \mathbb{R} \to \mathbb{R}$ mit Grad n immer nur dann in sog. Linearfaktoren zerlegen, wenn sie genau n Nullstellen besitzt. Hierbei können einzelne Nullstellen auch mehrfach vorkommen. In diesem Fall lassen sich Zahlen $x_1, x_2, \ldots, x_n, c \in \mathbb{R}$ finden, sodass

$$f(x) = c \cdot (x - x_1) \cdot (x - x_2) \cdot \ldots \cdot (x - x_n)$$

gilt. Die Zahlen $x_1, x_2, \ldots, x_n$ sind dabei die Nullstellen von f, c ist der Vorfaktor der höchsten Potenz.

Was bedeutet der Satz genau? Nehmen wir z. B. die Funktion $f(x) = x^3 - x$. Der höchste Exponent gibt den Grad an. Dieser ist also $n = 3$. Der erste Teil des Satzes sagt nun aus, dass f höchstens 3 verschiedene Nullstellen hat. Z. B. durch Ausprobieren kann man hier schnell rausfinden, dass f die drei Nullstellen $x_1 = -1$, $x_2 = 0$ und $x_3 = 1$ besitzt. Das passt also!

Der zweite Teil des Satzes sagt, dass wir mithilfe dieser Nullstellen f als Produkt von Linearfaktoren schreiben können (man sagt auch „in Linearfaktoren zerlegen"). Konkret kann man f als $f(x) = 1 \cdot (x - (-1)) \cdot (x - 0) \cdot (x - 1)$ schreiben. Hierbei gilt also $c = 1$, da für die höchste Potenz ja $x^3 = 1 \cdot x^3$ gilt.

Vielleicht fragst du dich jetzt, was das überhaupt mit Differenzialrechnung zu tun hat. Wir formulieren das über eine Gegenfrage: Nimm an, f ist eine Polynomfunktion n-ten Grades. Wie viele lokale Extremstellen kann f dann maximal haben? Wie viele Wendestellen können existieren?

Na gut, ein Beispiel dazu: Die Funktion $g(x) = x^4 - 3x^2$ hat also maximal 4 Nullstellen. Ihre Ableitung hat Grad 3 und somit maximal 3 Nullstellen. Ihre zweite Ableitung Grad 2 und somit maximal 2 Nullstellen. Die Funktion hat also maximal 3 lokale Extremstellen und maximal 2 Wendestellen.

Als Unendlichkeitsverhalten einer Funktion $f\colon \mathbb{R} \to \mathbb{R}$ bezeichnet man den Verlauf für sehr große bzw. sehr kleine Werte x. Für Polynomfunktionen gehen die Funktionswerte $f(x)$ für x gegen ∞ bzw. x gegen $-\infty$ entweder gegen ∞ oder $-\infty$, werden also unendlich groß oder klein. Für das Unendlichkeitsverhalten ist das Verhalten der höchsten Potenz ausschlaggebend.

In der obigen Funktion g ist x^4 die höchste Potenz. Diese ist selbst für positive aber auch für negative Werte positiv. Wenn x gegen ∞ oder $-\infty$ läuft, spielt nur noch das (und nicht mehr der Teil $-3x^2$) eine Rolle. Der Graph von g geht also in beiden Fällen nach ∞. Das verschafft uns weitere Informationen über den Graphen von g und das, ohne zu rechnen.

1. Nutze die bereits bekannten Informationen über den Graphen von $g(x) = x^4 - 3x^2$, um eine Skizze zu erstellen. Ist schon alles Notwendige bekannt oder benötigst du weitere Informationen?

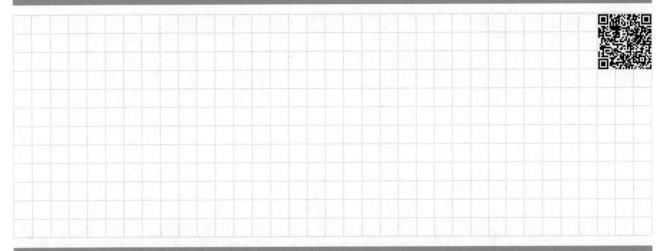

2. Bestimme (falls möglich) die Linearfaktorschreibweise und das Unendlichkeitsverhalten der folgenden Funktionen:

(a) $f(x) = 2x^2 + 2x - 4$ (b) $g(x) = 2x^3 + 2x^2 - 4x$ (c) $h(x) = x^3 + x^2 + 2x + 2$

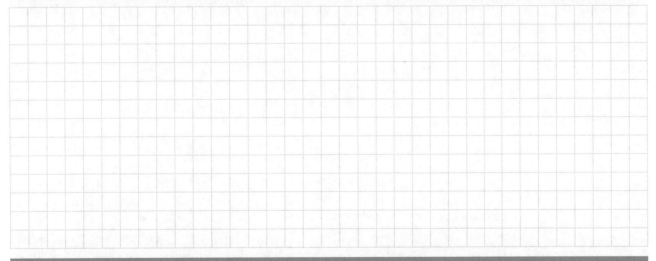

3. Nutze dein Wissen über die Linearfaktorzerlegung, um eine Funktion f zu bestimmen, die genau zwei Wendestellen 0 und 1 besitzt.

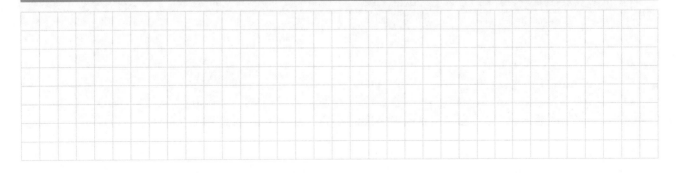

Extremwertprobleme

Sogenannte Extremwertprobleme sind ein wichtiger Anwendungsfall der Differenzialrechnung. Hierbei geht es immer darum, etwas in gewisser Weise optimal zu machen. Hier ein Beispiel:

Aus Aluminiumblech soll eine Dose gefertigt werden, die 330 ml Volumen besitzt. Der Verpackungshersteller will natürlich möglichst wenig Material einsetzen, um eine solche Dose zu fertigen. Gehe von einer zylindrischen Form aus. Welchen Radius r sollte die kreisrunde Grundfläche, welche Höhe h die Dose haben, damit das Volumen wie gefordert 330 ml beträgt und möglichst wenig Material benötigt wird?

Formeln:

Volumen: $V = \pi r^2 \cdot h$

Oberfläche: $O = 2\pi r^2 + 2\pi rh$

Zur Reduktion des Materialaufwands wollen wir die Oberfläche minimieren. Diese ist abhängig vom Radius r und der Höhe h. Wir können sie also als Funktion schreiben, die von den beiden Variablen r und h abhängig ist, also $O(r,h) = 2\pi r^2 + 2\pi rh$ gilt. Von dieser suchen wir nun ein Minimum.

Bisher haben wir nie ein Minimum einer Funktion mit zwei Argumenten gesucht. Das müssen wir auch diesmal zum Glück nicht, denn eine wichtige Information haben wir noch gar nicht genutzt. Die sog. Nebenbedingung, dass das Volumen 330 ml betragen soll, also dass $330 = \pi r^2 \cdot h$ gilt. Diese kann man z. B. umstellen zu $h = \frac{330}{\pi r^2}$.

Setzen wir das in die Funktion O ein, erhalten wir mit $O\left(r, \frac{330}{\pi r^2}\right) = 2\pi r^2 + 2\pi r \cdot \frac{330}{\pi r^2} = 2\pi r^2 + \frac{660}{r}$ eine Funktion, die nur noch von einer Variablen abhängig ist. Wir suchen nun also ein Minimum der Funktion $O(r)$. Hierbei kommen offensichtlich nur positive Werte von r in Betracht.

Mit den bekannten Ableitungsregeln ergibt sich $O'(r) = 4\pi r - \frac{660}{r^2}$. Setzt man $O'(r) = 0$ ergibt sich $\frac{660}{r^2} = 4\pi r$ und daraus $r^3 = \frac{660}{4\pi}$ und letztlich $r = \sqrt[3]{\frac{165}{\pi}} \approx 3{,}745$.

Durch Einsetzen in die zweite Ableitung $O''(r) = 4\pi + \frac{1320}{r^3}$ erhalten wir $O''(3{,}745) = 37{,}7 > 0$. Es handelt sich also tatsächlich um ein Minimum.

Als letzten Schritt kann man aus der Nebenbedingung die zu $r = 3{,}745$ gehörige Höhe bestimmen: Es gilt $h = \frac{330}{\pi r^2} = \frac{330}{\pi \cdot 3{,}745^2} \approx 7{,}49$.

Wir haben in der Nebenbedingung mit Millilitern gerechnet. Dieser entspricht einem Kubikzentimeter, sodass sich alle Längen entsprechend in Zentimetern verstehen. Eine Dose mit einer Höhe von 7,49 cm und einem Radius von 3,745 cm benötigt für ein Volumen von 330 ml also minimalen Materialeinsatz. Es ist also kein Zufall, dass alle Getränkedosen im Supermarkt die gleichen Abmessungen haben.

1. Dir stehen 20 Meter Zaun zur Verfügung. Welche rechteckige Form bietet deinem Zwergkaninchen maximalen Auslauf?

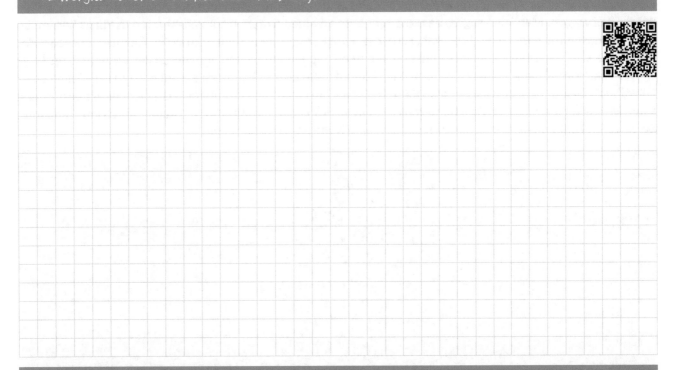

2. Aus einem quadratischen Stück Pappe der Größe 5 dm x 5 dm soll ein oben offener Karton hergestellt werden. Die quadratischen Ecken mit der Seitenlänge x werden hierzu wie abgebildet entfernt. Für welchen Wert von x ist das Volumen des Kartons am größten?

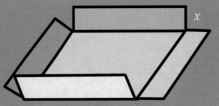

Näherungsweises Bestimmen von Nullstellen mithilfe der Ableitung

Eine weitere wichtige Anwendung der Differenzialrechnung und insbesondere der Ableitungsfunktion wollen wir dir hier zeigen. Man kann sagen, dass die Tangente an einen Graphen zumindest um den Punkt herum, an dem sie bestimmt wird, eine gute Näherung des Funktionsgraphen selbst darstellt. Genauer ausgedrückt, handelt es sich sogar um die lineare Funktion, die den Graphen am besten annähert. Der Mathematiker Isaac Newton hatte im 17. Jahrhundert eine Idee: Man könnte diese Eigenschaft doch ausnutzen, um Nullstellen einer Funktion zu bestimmen, bei welcher man diese (z. B. weil die Funktion zu kompliziert ist) nicht direkt bestimmen kann. Man ersetzt einfach die Funktion – möglichst in der Nähe der vermuteten Nullstelle – durch ihre Tangente. Bei linearen Funktionen ist es schließlich einfach, eine Nullstelle zu bestimmen.

Bei der Funktion $f(x) = x^3 - 0{,}4x^2 - 4{,}2x + 3{,}4$ ist es kaum möglich, eine Nullstelle zu raten. Skizziert man die Funktion, kann man grob erahnen, dass f ungefähr bei -2, bei 1 und kurz vor 2 eine Nullstelle besitzt.

Möchte man z. B. die Nullstelle, die etwa bei 1 liegt, genauer bestimmen, geht man nun wie folgt vor: Mithilfe der Tangentengleichung lässt sich eine Tangente t an den Graphen an der Stelle $x_0 = 1$ bestimmen.

Hierzu benötigt man zuerst die Ableitung f'. Diese lautet $f'(x) = 3x^2 - 0{,}8x - 4{,}2$. In die bekannte Tangentengleichung $t(x) = f'(x_0) \cdot (x - x_0) + f(x_0)$ kann man nun einsetzen:

$$t(x) = f'(1) \cdot (x - 1) + f(1)$$
$$= -2 \cdot (x - 1) - 0{,}2$$

Für t lässt sich die Nullstelle dann leicht bestimmen:

$$t(x) = 0 \Leftrightarrow -2x + 2 - 0{,}2 = 0 \Leftrightarrow x = \frac{1{,}8}{2} = 0{,}9$$

Mit $0{,}9$ haben wir nun vermutlich eine genauere Schätzung der gesuchten Nullstelle gefunden als 1. Zum Vergleich: $f(1) = -0{,}2$ und $f(0{,}9) = 0{,}02$. Wir liegen nun also deutlich näher an 0.

Newton hatte nun die Idee, diesen Vorgang einfach zu wiederholen, d. h. für die neue Schätzung $x = 0{,}9$ wieder die Tangente zu bestimmen, usw. Hat man ganz allgemein eine Schätzung einer Nullstelle x_n, bestimmt man also wieder die Tangente $t(x) = f'(x_n) \cdot (x - x_n) + f(x_n)$ und bestimmt als neue Schätzung eine Nullstelle dieser Tangente x_{n+1}: $t(x_{n+1}) = 0 \Leftrightarrow f'(x_n) \cdot (x_{n+1} - x_n) + f(x_n) = 0$. Das kann wiederum zur gesuchten Nullstelle x_{n+1} umstellen und erhält: $x_{n+1} = x_n - \frac{f(x_n)}{f'(x_n)}$.

Beim sog. **Newton-Verfahren** bestimmt man ausgehend von einer ersten Schätzung einer Nullstelle x_0 aufeinanderfolgend weitere Näherungen gemäß der Formel: $x_{n+1} = x_n - \frac{f(x_n)}{f'(x_n)}$. Die Folge (x_n) der Näherungen konvergiert gegen die gesuchte Nullstelle, wenn die Ausgangsschätzung nah genug bei ihr lag.

Mit dem Verfahren kann man nicht nur Nullstellen von Funktionen bestimmen. Z. B. kann man auch versuchen, die Gleichung $x^3 + 2x^2 = 3x + 1$ zu lösen, indem man die Nullstellen von $f(x) = x^3 + 2x^2 - (3x + 1) = x^3 + 2x^2 - 3x - 1$ bestimmt. Praktisch, oder?

1. Setze das Newton-Verfahren für die Funktion f und die Nullstelle im Bereich 1 fort. Nutze jetzt 0,9 als Startwert. Rechne drei Schritte des Verfahrens. Du kannst auch einen Taschenrechner zu Unterstützung verwenden.

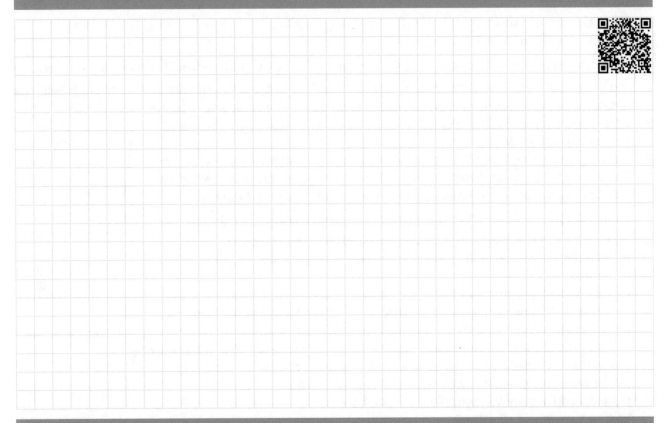

2. An welcher Stelle schneiden sich Sinus und Cosinus zum ersten Mal rechts des Ursprungs? Rechne drei Schritte des Newton-Verfahrens.

Übungsmix

1. Leite die folgenden Funktionen ab unter Ausnutzung der Produkt- oder Quotientenregel:
   (a) $i(x) = \frac{4^x \ln x}{2x}$
   (b) $j(x) = \sqrt{x} \cdot e^x \cdot \sin x$
   (c) $k(x) = c \cdot \frac{\ln x}{x}$ mit $c \in \mathbb{R}$

2. Du kennst jetzt die Ableitungen für $f(x) = \frac{1}{x}$ und $g(x) = \sqrt{x}$. Beide Formeln lassen sich in Potenzen umformen (✐ Kapitel 4). Überprüfe, ob hier auch die Potenzregel gilt. Versuche über einen ähnlichen Trick eine allgemeine Ableitung für die n-te Wurzel, d. h. $h(x) = \sqrt[n]{x}$ mit $n \in \mathbb{N}$ zu bestimmen.

3. Ist die Ableitung der rechts abgebildeten Funktion eine nach oben oder unten geöffnete Parabel? Warum?

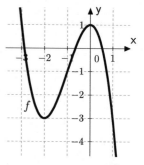

4. Die Tangente an einen Graphen ist unter allen linearen Funktionen diejenige, die ihn am besten annähert. Hierbei ist die Näherung am genausten unmittelbar um die Stelle x_0, an der die Tangente bestimmt wird. Bisher wird in Fahrschulen die Formel $s(v) = \frac{v^2}{100}$ für den Bremsweg eines Pkws gelehrt. Diese gibt die Länge des Bremswegs s in Abhängigkeit der gefahrenen Geschwindigkeit v an.
   (a) Welche Geschwindigkeit ergibt sich für eine Bremsung aus 30, 50 und 100 km/h?
   (b) Das Verkehrsministerium findet die Formel zu kompliziert. Kann man sie durch eine lineare Formel ersetzen? Bestimme hierzu an der Stelle $v_0 = 50$ die Gleichung der Tangente.
   (c) Welchen Fehler macht man, wenn man die Tangentengleichung zur Bestimmung des Bremswegs statt der ursprünglichen Formel nutzt? Bestimme den Fehler für 30, 50 und 100 km/h.

5. Bestimme den Scheitelpunkt der quadratischen Funktion $f(x) = x^2 + 2x + 1$,
   (a) indem du die Scheitelpunktform wie ✐ Kapitel 8 in bestimmst;
   (b) indem du mit der Ableitungsfunktion arbeitest.
   Welche Variante ist effektiver?

6. Hier siehst du eine Funktion f und ihre Ableitungsfunktion f'. Wie verändert sich die Ableitung, falls die Funktion f um zwei Einheiten nach rechts und um eine Einheit nach unten verschoben wird. Erstelle eine Skizze.

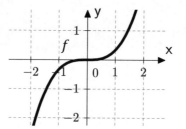
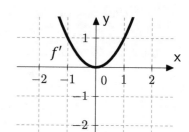

7. Bestimme eine Näherung der Eulerschen Zahl e, indem du dir überlegst,
   (a) welche Lösung die Gleichung $\ln x = 1$ hat;
   (b) du mithilfe des Newton-Verfahrens eine Lösung dieser Gleichung bestimmst. Rechne mithilfe des Taschenrechners fünf Schritte.

In diesem Kapitel lernst du,

- *was das Integral eigentlich ist.*
  - *Integral als Mittel zur orientierten Flächenberechnung*
  - *Integral als Umkehrung der Ableitung*
- *wie man Integrale berechnet.*
  - *Stammfunktionen und wie man sie findet*
  - *Der Hauptsatz*
  - *Partielle Integration*
  - *Substitution*
- *die Berechnung von Rotationsvolumen.*
- *den Mittelwert von Funktionen zu berechnen.*

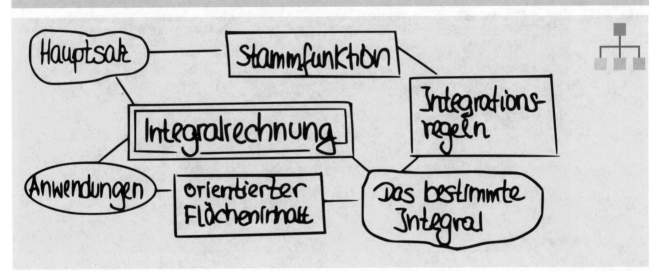

Beispielaufgaben aus diesem Kapitel

1. Bestimme eine Stammfunktion zu f mit:

   (a) $f(x) = -4x^2 + x$ (b) $f(x) = x \cdot \ln(x)$ (c) $f(x) = 3x \cdot \sin(x^2 - 4)$

2. Eine Zahnarztpraxis möchte ihr Zahn-Logo aus Epoxidharz gegossen an ihrer Tür anbringen. Die Form des Logos entspricht einem Zahn und ist durch die beiden Funktionen f und g mit

   $$g(x) = -\frac{1}{4}x^2 + 2,5 \text{ und } g(x) = \frac{1}{2}x^4 - 2x^2 - \frac{1}{2}$$

   (x und $f(x)$ bzw. $g(x)$ gemessen in dm) begrenzt. Berechne, wie viel dm^3 benötigt werden, wenn das Logo 2 cm dick sein soll.

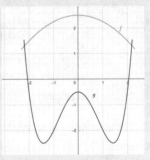

3. Die Wachstumsgeschwindigkeit eines Baumes, der bei der Pflanzung ca. 20 cm hoch ist, entspricht näherungsweise der Funktion f mit $f(t) = 0{,}075 \cdot t \cdot e^{-0{,}005 \cdot t^2}$. Wann erreicht er eine Höhe von 25 m?

4. Bestimme a, sodass: $(a) \displaystyle\int_0^a x^2 + 1 \, dx = \frac{4}{3}$ $(b) \displaystyle\int_{-7}^7 2x^a - x \, dx = 0$

Integration

Betrachten wir einmal folgende Situation: In eine leere Badewanne lassen wir warmes Wasser einlaufen, bis sie fast voll ist, stellen dann aber fest, dass das eingelaufene Wasser zu heiß ist. Also lassen wir etwas Wasser ablaufen und ersetzen es durch kaltes Wasser (vgl. Schaubild rechts).

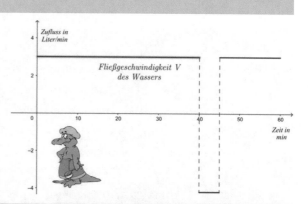

<u>Frage:</u> Wie lässt sich zu einem beliebigen Zeitpunkt t feststellen welche Wassermenge M sich in der Wanne befindet?

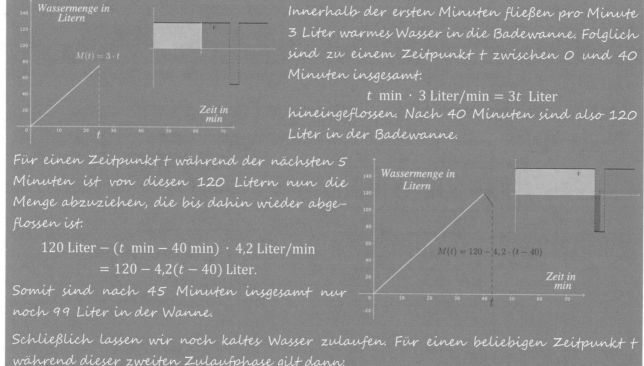

Innerhalb der ersten Minuten fließen pro Minute 3 Liter warmes Wasser in die Badewanne. Folglich sind zu einem Zeitpunkt t zwischen 0 und 40 Minuten insgesamt:

$$t \text{ min} \cdot 3 \text{ Liter/min} = 3t \text{ Liter}$$

hineingeflossen. Nach 40 Minuten sind also 120 Liter in der Badewanne.

Für einen Zeitpunkt t während der nächsten 5 Minuten ist von diesen 120 Litern nun die Menge abzuziehen, die bis dahin wieder abgeflossen ist:

$$120 \text{ Liter} - (t \text{ min} - 40 \text{ min}) \cdot 4{,}2 \text{ Liter/min}$$
$$= 120 - 4{,}2(t - 40) \text{ Liter}.$$

Somit sind nach 45 Minuten insgesamt nur noch 99 Liter in der Wanne.

Schließlich lassen wir noch kaltes Wasser zulaufen. Für einen beliebigen Zeitpunkt t während dieser zweiten Zulaufphase gilt dann:

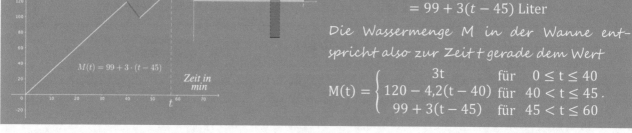

$$99 \text{ Liter} + (t \text{ min} - 45 \text{ min}) \cdot 3 \text{ Liter/min}$$
$$= 99 + 3(t - 45) \text{ Liter}$$

Die Wassermenge M in der Wanne entspricht also zur Zeit t gerade dem Wert

$$M(t) = \begin{cases} 3t & \text{für} \quad 0 \leq t \leq 40 \\ 120 - 4{,}2(t - 40) & \text{für} \quad 40 < t \leq 45 \, . \\ 99 + 3(t - 45) & \text{für} \quad 45 < t \leq 60 \end{cases}$$

Die Bestimmung der Wassermenge entspricht gerade der Bestimmung der Rechteckflächen die die Zulaufgeschwindigkeit V mit der Zeitachse einschließt. In der Gesamtbilanz werden dabei Inhalte über der Zeitachse positiv und Inhalte unter der Zeitachse negativ gezählt. So gesehen entspricht die Wassermenge M dem **orientierten Flächeninhalt** unter der Funktion V.

Rückblickend haben wir in unserem Beispiel aus der Zuflussgeschwindigkeit V auf die Wassermenge M in der Wanne geschlossen. Da die Zuflussgeschwindigkeit aber gerade der momentanen Änderungsrate der Wassermenge entspricht, also $V(t) = M'(t)$ ist, haben wir quasi aus der Ableitung einer Funktion die Funktion selbst rekonstruiert. Kurz gesagt: Wir haben **integriert** (lat.: *„integrare"* – wiederherstellen).

Diese Idee trägt natürlich weit über das Badewannenbeispiel hinaus; so lässt sich aus der Stromstärke, die einem Akku entnommen wird, auf dessen Ladezustand schließen oder aus den Aufzeichnungen eines Fahrtenschreibers der zurückgelegte Weg bestimmen.

Leider lassen sich aber nur wenige Änderungsraten durch „schöne", stückweise Funktionen wie in unserem Beispiel beschreiben. Was also tun, wenn die Änderungsrate anders aussieht? Die Idee besteht darin, den Graphen der Funktion durch geeignete Rechtecke zu überdecken bzw. auszuschöpfen.

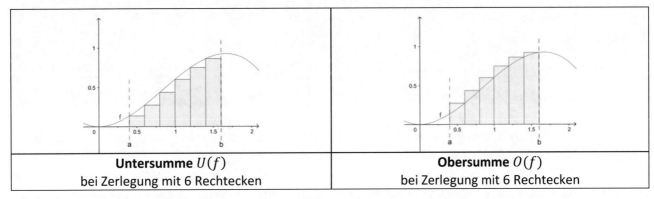

| **Untersumme** $U(f)$ | **Obersumme** $O(f)$ |
| bei Zerlegung mit 6 Rechtecken | bei Zerlegung mit 6 Rechtecken |

Bauen wir nun immer mehr Rechtecke ein, erhöhen also die Anzahl der Rechtecke, sollten sich die Flächenbilanz der überdeckendenden Rechtecke (die sogenannte **Obersumme**) und die der ausschöpfenden Rechtecke (die sogenannte **Untersumme**) einander nähern und im Grenzfall übereinstimmen.

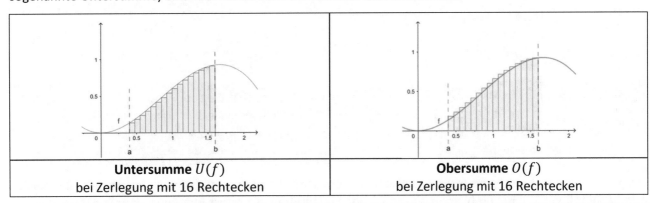

| **Untersumme** $U(f)$ | **Obersumme** $O(f)$ |
| bei Zerlegung mit 16 Rechtecken | bei Zerlegung mit 16 Rechtecken |

 Ist $f : [a, b] \to \mathbb{R}$ eine Funktion für die Ober- und Untersumme

$$\lim_{n \to \infty} U(f) = \lim_{n \to \infty} O(f) = I,$$

erfüllen, so nennen wir I das **(bestimmte) Integral** von f und schreiben

$$I = \int_a^b f(x) \, dx.$$

Bis jetzt ist das Integral also eine Bezeichnung, quasi ein Name, hinter dem sich die aufwendige Berechnung mit Ober- und Untersumme versteckt. Die Bezeichnung soll dabei an die Konstruktion des Integrals erinnern. So entspricht das Integralzeichen einem „langgezogenen" S, als Abkürzung für das Wort *Summe* und der Term $f(x) \, dx$ entspricht den *Rechtecksflächen* mit Höhe $f(x)$ und „unendlich kleiner" Breite dx.

 Das Integral liefert (vgl. obiges Beispiel) den **orientierten Flächeninhalt** zwischen Funktion und x-Achse. Flächen unter der x-Achse werden negativ bewertet und in der Gesamtbilanz abgezogen. Für die Berechnung der **Gesamtfläche,** die eine Funktion mit der x-Achse einschließt, muss man also vorsichtiger vorgehen (Seite 180).

Stammfunktionen

Zugegebenermaßen lädt die Definition des Integrals wegen der auftretenden Summen und des Limes nicht wirklich zum Rechnen ein, aber zum Glück liefern **Stammfunktionen** eine für viele Fälle geltende Abkürzung. Dabei heißt eine Funktion F Stammfunktion zur Funktion f, falls kurz gesagt $F' = f$ ist.

Für die beiden Funktionen F_1 und F_2 mit

$$F_1(x) = x^3 + 2 \quad \text{und} \quad F_2(x) = x^3 + 6$$

gilt:

$$F_1'(x) = 3x^2 \quad \text{und} \quad F_2'(x) = 3x^2.$$

Folglich sind beide Funktionen, sowohl F_1 als auch F_2 Stammfunktionen der Funktion f mit $f(x) = 3x^2$.

Merke: Während die Ableitung einer Funktion eindeutig ist, gibt es zu einer gegebenen Funktion in der Regel mehr als eine Stammfunktion.

Man kann zeigen, dass stetige Funktionen immer eine Stammfunktion haben und diese sogar eng mit dem bestimmten Integral über den sogenannten *Hauptsatz der Differenzial- und Integralrechnung* verknüpft ist.

Jede stetige (Kapitel 9) Funktion $f: [a, b] \to \mathbb{R}$ hat eine Stammfunktion $F: [a, b] \to \mathbb{R}$. Zudem gilt für jede Stammfunktion F von f:

$$\int_a^b f(x)\, dx = F(b) - F(a).$$

Wir nutzen Mathematik zur Beschreibung unserer Umwelt. Da aber Prozesse bzw. Änderungen in der Natur nicht sprunghaft und plötzlich geschehen, sondern prinzipiell kontinuierlich sind, können wir uns dabei auf stetige Funktionen beschränken. Im Allgemeinen müssen Funktionen aber nicht stetig sein, **eine Stammfunktion also nicht zwingend existieren**!

Zur Berechnung eines Integrals genügt es also im Allgemeinen, eine Stammfunktion zu bestimmen. Das wiederum bedeutet: wir können problemlos alle Funktionen integrieren, die selbst Ableitung einer Funktion sind.

Aufgabe: Bestimme das Integral

$$\int_1^3 4x^3\, dx.$$

Die Funktion F mit $F(x) = x^4$ erfüllt gerade $F'(x) = 4x^3$, ist also eine Stammfunktion der Funktion f und somit:

$$\int_1^3 4x^3\, dx = [x^4]_1^3 = 3^4 - 1^4 = 80.$$

Die Ableitungstabelle aus Kapitel 10 liefert uns daher sofort eine kleine Sammlung von Stammfunktionen:

f	x^n	$\dfrac{1}{2\sqrt{x}}$	e^x	$\dfrac{1}{x}$	$-\sin(x)$	$\cos(x)$	a^x	1
F	$\dfrac{x^{n+1}}{n+1}$	$\sqrt{x}$	e^x	$\ln(x)$	$\cos(x)$	$\sin(x)$	$\dfrac{a^x}{\ln(a)}$	x

Natürlich sind die allermeisten Funktionen nicht so einfach wie in der obigen Tabelle. Es drängt sich also sofort die Frage auf, wie man in solchen Fällen zu einer Stammfunktion kommen kann. Dabei helfen die grundlegenden Eigenschaften des Integrals und zwei nützliche Integrationsregeln, die wir im Folgenden kennenlernen.

1. Gib eine Stammfunktion zur Funktion f mit

$\qquad$ (a) $f(x) = 3$ $\qquad$ (b) $f(x) = 7x + 2$ $\qquad$ (c) $f(x) = 2 \cdot \sin(x) - x^2$

und überprüfe deine Lösung durch Ableiten.

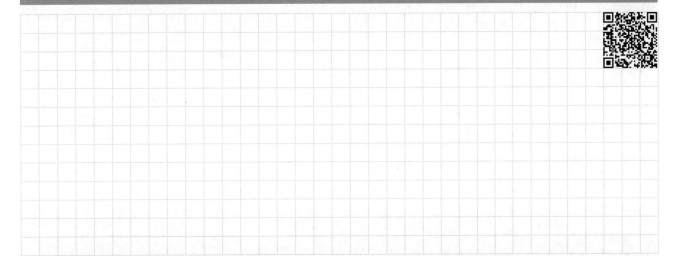

2. Berechne:

$\qquad$ (a) $\displaystyle\int_{-1}^{2} x^2 \, dx$ $\qquad$ (b) $\displaystyle\int_{0}^{\frac{\pi}{2}} 3 \cdot \cos(x) \, dx$ $\qquad$ (c) $\displaystyle\int_{1}^{5} 2x + 4 \, dx$

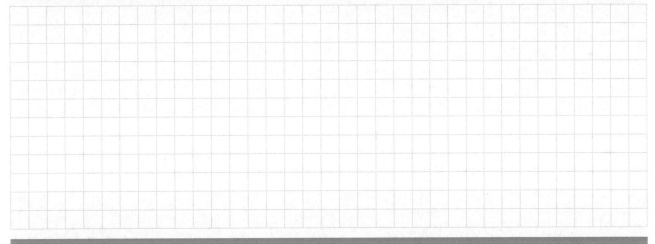

3. Zeige, dass die Funktion F mit $F(x) = -(2x + 4) \cdot e^{-0,5x}$ eine Stammfunktion der Funktion f mit $f(x) = x \cdot e^{-0,5x}$ ist.

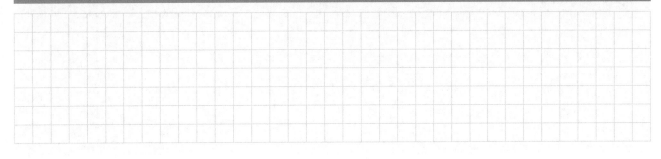

Eigenschaften des Integrals

Bis zu einem gewissen Grad kann man die Integration also als Umkehrung der Differenziation auffassen. Da ist es auch nicht verwunderlich, dass die Integralrechnung viele von der Ableitung bekannte Eigenschaften erbt.

Wichtige Eigenschaften

Für a, b, c mit $c \geq b \geq a$ und beliebiges k gilt:

(i) $\displaystyle\int_a^b f(x) + g(x)\, dx = \int_a^b f(x)\, dx + \int_a^b g(x)\, dx$

(Summenregel)

(ii) $\displaystyle\int_a^b k \cdot f(x)\, dx = k \cdot \int_a^b f(x)\, dx$

(Faktorregel)

(iii) $\displaystyle\int_a^b f(x)\, dx + \int_b^c f(x)\, dx = \int_a^c f(x)\, dx$

(Intervalladditivität)

(iv) $\displaystyle\int_a^b f(x)\, dx = -\int_b^a f(x)\, dx$

(Symmetrie)

Damit vereinfacht sich auch die Berechnung von Integralen bzw. Stammfunktionen.

Aufgabe: Bestimme den Wert des Integrals: $\displaystyle\int_0^1 x(2x-3)\, dx$.

Lösung: Mit obigen Formeln ist

$$\int_0^1 x(2x-3)\, dx = \int_0^1 2x^2 - 3x\, dx = 2\int_0^1 x^2\, dx - 3\int_0^1 x\, dx.$$

Wir müssen also lediglich Stammfunktionen zu sehr einfachen Funktionen bestimmen, die wir aus obiger Tabelle ablesen können und erhalten

$$2\int_0^1 x^2\, dx - 3\int_0^1 x\, dx = 2\cdot\left[\frac{x^3}{3}\right]_0^1 - 3\cdot\left[\frac{x^2}{2}\right]_0^1 = \left[\frac{2}{3}x^3 - \frac{3}{2}x^2\right]_0^1 = \frac{2}{3} - \frac{3}{2} = -\frac{5}{6}.$$

Nebenbei haben wir zudem auch eine Stammfunktion von f mit $f(x) = x(2x-3)$ gefunden, denn F mit $F(x) = \frac{2}{3}x^3 - \frac{3}{2}x^2$ erfüllt gerade: $F'(x) = 2x^2 - 3x = x(2x-3)$.

Auch wenn obige Regeln die Bestimmung von Stammfunktionen schon deutlich vereinfachen, kann gerade bei komplexeren Funktionen die Bestimmung einer Stammfunktion durchaus schwierig sein. Unabhängig von den noch folgenden Integrationsregeln ist daher auch simples *„Vermuten und Probieren"* häufig hilfreich.

Gesucht: Stammfunktion zu f mit $f(x) = \cos(2x-4)$.

Lösung: Wir wissen bereits, dass sich $\cos$ und $\sin$ beim Ableiten gegenseitig reproduzieren.

$$\Rightarrow \text{Vermutung: } F(x) = \sin(2x-4).$$

Eine kurze Probe zeigt aber: $F'(x) = \cos(2x-4) \cdot 2$. Der Faktor 2 ist also zu viel.

Nun wissen wir über die Ableitung ja bereits, dass konstante Faktoren beim Ableiten erhalten bleiben. Multiplizieren wir also F mit dem Faktor ½, sollte dieser beim Ableiten erhalten bleiben und unser Problem beheben.

$$\Rightarrow \text{Neue Vermutung: } F(x) = \frac{1}{2} \cdot \sin(2x-4).$$

Tatsächlich folgt: $F'(x) = \frac{1}{2} \cdot \cos(2x-4) \cdot 2 = \cos(2x-4)$.

1. Bestimme eine Stammfunktion zur Funktion f mit

(a) $f(x) = 3x^2 + x - 3$ (b) $f(x) = x \cdot e^{x^2} + \dfrac{2}{x}$ (c) $f(x) = (x-4)^2 \cdot (x-1)$

2. Bestimme a so, dass

(a) $\displaystyle\int_0^1 a \cdot e^x \, \mathrm{d}x = 2e$ (b) $\displaystyle\int_0^a 3x^2 + 2 \, \mathrm{d}x = 12$ (c) $\displaystyle\int_a^0 x^2 \, \mathrm{d}x = \dfrac{a}{2}$

Integrationsregeln

Ausgehend von der Idee, dass das Integrieren eng mit dem Ableiten verknüpft ist und, wie wir bereits gesehen haben, z. B. auch eine Summen- bzw. Faktorregel existiert, liegt es nahe, dass es auch eine Art von Produkt- bzw. Kettenregel für Integrale gibt; die **Partielle Integration** und die **Integration durch Substitution**.

Partielle Integration

 Sind $f, g : [a, b] \to \mathbb{R}$ zwei stetig differenzierbare Funktionen, so gilt

$$\int_a^b f'(x) \cdot g(x)\, \mathrm{d}x = [f(x) \cdot g(x)]_a^b - \int_a^b f(x) \cdot g'(x)\, \mathrm{d}x\,.$$

Beispiel: *Wählen wir* $g(x) = \frac{x}{2}$ *und* $f'(x) = e^x$ *so ist*

$$\int_0^1 \frac{x}{2} \cdot e^x \, dx$$

$$\int_0^1 \frac{x}{2} \cdot e^x \, dx = \int_0^1 g(x) \cdot f'(x)\, dx,$$

Also:

das Integral offensichtlich von der Form auf die wir

$$\int_0^1 \frac{x}{2} \cdot e^x \, dx = \left[\frac{x}{2} \cdot e^x\right]_0^1 - \int_0^1 \frac{1}{2} \cdot e^x dx$$

obige Formel anwendenden können. Zudem ist

$$= \left[\frac{x}{2} \cdot e^x\right]_0^1 - \frac{1}{2}\int_0^1 e^x dx$$

$$g'(x) = \frac{1}{2} \quad \text{und} \quad f(x) = e^x$$

$$= \left[\frac{x}{2} \cdot e^x\right]_0^1 - \frac{1}{2}[e^x]_0^1 = \left[\frac{x}{2} \cdot e^x - \frac{1}{2} \cdot e^x\right]_0^1 = \left[\frac{x-1}{2} \cdot e^x\right]_0^1 = \frac{1}{2}\,.$$

Ganz nebenbei haben wir auch wieder eine Stammfunktion gefunden, denn

$$H(x) = \frac{x-1}{2} \cdot e^x \quad \text{liefert} \quad H'(x) = \frac{1}{2} \cdot e^x + \frac{x-1}{2} \cdot e^x = \frac{x}{2} \cdot e^x\,.$$

Die Wahl von f' und g ist nicht vorgeschrieben. Es gibt also zwei verschiedene Möglichkeiten die Formel zu benutzen. Während die eine allerdings das Integral in ein einfacheres Integral überführt (so wie in obigem Beispiel) macht die andere das Integrieren schwieriger.

 Faustformel

> *Polynome werden abgeleitet.*

Ist kein Polynom vorhanden, bleibt nur „*Trial & Error*": Man legt f' und g fest, wendet die Formel an und überprüft ob das entstandene Integral einfacher ist. Falls nicht, wird getauscht.

Aufgabe: *Berechne:* $\displaystyle\int_0^\pi \frac{3}{2} x \cdot \cos(x)\, dx\,.$

Lösung: *Obigem Hinweis folgend wählen wir*

$$f'(x) = \cos(x) \; \text{und} \; g(x) = \frac{3}{2}x \quad \Rightarrow \quad f(x) = \sin(x) \; \text{und} \; g'(x) = \frac{3}{2}$$

$$\int_0^\pi \frac{3}{2} x \cdot \cos(x)\, dx = \left[\frac{3}{2} x \cdot \sin(x)\right]_0^\pi - \int_0^\pi \frac{3}{2} \cdot \sin(x)\, dx$$

$$= \left[\frac{3}{2} x \cdot \sin(x)\right]_0^\pi - 3/2 \cdot \int_0^\pi \sin(x)\, dx$$

$$= \left[\frac{3}{2} x \cdot \sin(x)\right]_0^\pi - \frac{3}{2} \cdot [-\cos(x)]_0^\pi = \left[\frac{3}{2} x \cdot \sin(x) + \frac{3}{2} \cdot \cos(x)\right]_0^\pi = -\frac{3}{2}\,.$$

1. Bestimme:

(a) $\int_0^{\frac{\pi}{2}} (x - 1) \cdot \sin(x)\, dx$ (b) $\int_1^2 x^2 \cdot e^x\, dx$

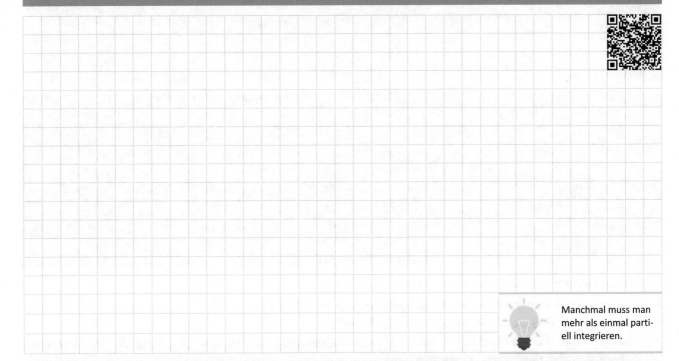

Manchmal muss man mehr als einmal partiell integrieren.

2. Berechne:

(a) $\int_0^1 \frac{2x}{e^x}\, dx$ (b) $\int_1^2 x^2 \cdot \ln(x)\, dx$

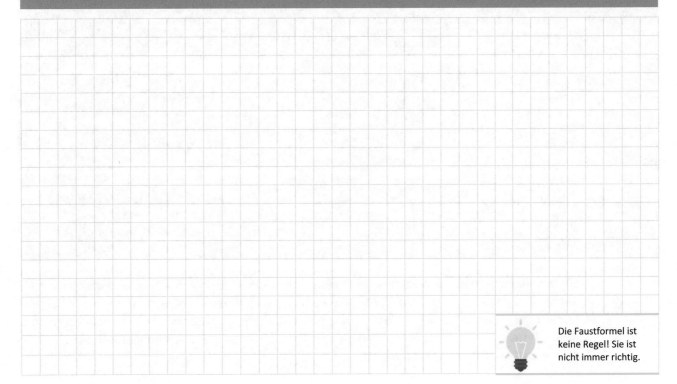

Die Faustformel ist keine Regel! Sie ist nicht immer richtig.

Integration durch Substitution

Lässt sich eine Funktion nicht direkt integrieren und hilft auch partielle Integration nicht weiter, kann manchmal eine **Substitution** hilfreich sein. Insbesondere dann, wenn es um verkettete Funktionen geht.

> Ist $f: I \to \mathbb{R}$ eine stetige Funktion und g: $[a, b] \to I$ stetig differenzierbar, so gilt
>
> $$\int_a^b f(g(x)) \cdot g'(x)\, dx = \int_{g(a)}^{g(b)} f(z)\, dz\,.$$

Aufgabe:

$$\int_0^1 (x^2 + 1)^4 \cdot 2x\, dx$$

Lösung:

Wählen wir $g(x) = x^2 + 1$ und $f(x) = x^4$ so ist

$$f(g(x)) = (x^2 + 1)^4 \quad und \quad g'(x) = 2x,$$

das Integral offensichtlich von der Form, auf die wir obige Formel anwenden können.

$$\int_0^1 \underbrace{(x^2 + 1)^4}_{f(g(x))} \cdot \underbrace{2x}_{g'(x)}\, dx = \int_{g(0)}^{g(1)} z^4\, dz = \int_1^2 z^4\, dz = \left[\frac{1}{5} z^5\right]_1^2 = \frac{31}{5}\,.$$

Im Regelfall nimmt man den Begriff Substitution wörtlich, d. h.

- man ersetzt im Integral einen komplizierten Ausdruck in x durch z.
- Anschließend wird die Ableitung von z nach x berechnet.
- Nun kann man für die Ableitung z' auch dz/dx schreiben und erhält so eine Gleichung die formal nach dx aufgelöst und in das Integral eingesetzt wird.

Ein einfaches Beispiel soll das Vorgehen demonstrieren:

Gesucht:

$$\int_0^1 x \cdot e^{2x^2 - 3}\, dx$$

Lösung:

Wir substituieren $z = 2x^2 - 3$ und erhalten

$$\frac{dz}{dx} = z' = 4x \iff dz = 4x\, dx \iff dx = \frac{1}{4x}\, dz\,.$$

$$\int_0^1 x \cdot e^{2x^2 - 3}\, dx = \int_{z_1}^{z_2} x \cdot e^z \cdot \frac{1}{4x}\, dz = \int_{z_1}^{z_2} \frac{1}{4} \cdot e^z\, dz$$

Nun müssen wir noch die Integralgrenzen von „x-Grenzen" in „z-Grenzen" übersetzen. Dazu setzen wir die alten Grenzen unserer Substitution ein:

$$z_1 = 2 \cdot 0^3 - 3 = -3 \quad und \quad z_2 = 2 \cdot 1^3 - 3 = -1\,.$$

Also:

$$\int_0^1 x \cdot e^{2x^2 - 3}\, dx = \frac{1}{4}\int_{z_1}^{z_2} e^z\, dz = \frac{1}{4}\int_{2\cdot 0^2 - 3}^{2 \cdot 1^2 - 3} e^z\, dz = \frac{1}{4}\int_{-3}^{-1} e^z\, dz = \left[\frac{1}{4}e^z\right]_{-3}^{-1} = \frac{1}{4} \cdot \left(\frac{1}{e} - \frac{1}{e^3}\right)\,.$$

Ein Vorteil der Substitution ist, dass man einfach mal einen Term auswählen und starten kann. Kürzen sich dann nach Ersetzen von dx alle Terme, die x enthalten, heraus, so war die Substitution erfolgreich und man kann die Integralgrenzen umrechnen. Andernfalls muss man einen anderen Term wählen oder (wenn es mit keinem Term funktioniert) eine andere Methode zur Berechnung des Integrals benutzen.

1. Berechne:

$$\text{(a) } \int_1^2 x \cdot \ln(x)\, dx \qquad \text{(b) } \int_0^2 \frac{x}{\sqrt{2 + x^2}}\, dx$$

2. Bestimme:

$$\text{(a) } \int_{-1}^2 \frac{2x + 2}{x^2 + 2x + 10}\, dx \qquad \text{(b) } \int_0^{\frac{\pi}{4}} \frac{\cos(x)}{1 + \sin(x)}\, dx$$

Das Integral und die Fläche

Das Integral liefert einen **orientierten Flächeninhalt.** Das bedeutet, dass wir für die Berechnung der Gesamtfläche unter einer Funktion vorsichtiger vorgehen müssen. Nimmt man zum Beispiel die Funktion f mit $f(x) = x^3$ im Bereich zwischen −1 und 1 und berechnet einfach das Integral, erhält man

$$\int_{-1}^{1} x^3 \, dx = \left[\frac{x^4}{4}\right]_{-1}^{1} = \frac{1}{4} - \frac{1}{4} = 0.$$

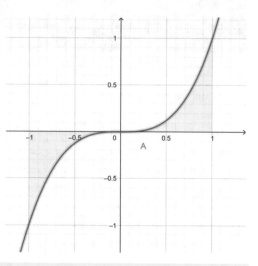

Andererseits zeigt die Skizze sehr deutlich, dass die Fläche, die die Funktion in diesem Bereich mit der x-Achse einschließt, definitiv nicht null ist. Die Ursache ist eben gerade, dass die Fläche auf der linken Seite negativ gewichtet wird und somit faktisch vom Flächeninhalt der rechten Seite abgezogen statt addiert wird.

Flächenberechnung

Für die Fläche A, die eine gegebene Funktion f im Intervall $[a, b]$ mit der x-Achse einschließt, gilt:

$$A = \int_{a}^{b} |f(x)| \, dx.$$

Wechselt f im Intervall $[a, b]$ also das Vorzeichen, müssen wir zunächst die Nullstellen der Funktion im Intervall berechnen und anschließend abschnittsweise integrieren, wobei jede Nullstelle einen neuen Abschnitt definiert. Zum Schluss werden die Ergebnisse betragsmäßig aufaddiert.

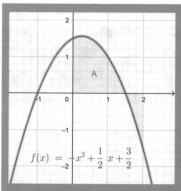

Gesucht: Flächeninhalt, den die Funktion f mit

$$f(x) = -x^2 + \frac{1}{2}x + \frac{3}{2}$$

im Intervall $[0,2]$ mit der x-Achse einschließt.

Lösung: Da

$$-x^2 + \frac{1}{2}x + \frac{3}{2} = 0 \Leftrightarrow x = -1 \vee x = 1{,}5,$$

müssen wir unsere Berechnungen also an der Stelle $x = 1{,}5$ „trennen". Wir integrieren also über zwei Abschnitte $[0, 1.5]$ und $[1,5, 2]$. Wegen:

$$\int_{0}^{1{,}5} -x^2 + \frac{1}{2}x + \frac{3}{2} \, dx = \left[-\frac{1}{3}x^3 + \frac{1}{4}x^2 + \frac{3}{2}x\right]_{0}^{1{,}5} = \frac{27}{16}$$

und:

$$\int_{1{,}5}^{2} -x^2 + \frac{1}{2}x + \frac{3}{2} \, dx = \left[-\frac{1}{3}x^3 + \frac{1}{4}x^2 + \frac{3}{2}x\right]_{1{,}5}^{2} = \frac{4}{3} - \frac{27}{16} = -\frac{17}{48}$$

ergibt sich also eine Gesamtfläche von

$$A = \int_{0}^{2} |f(x)| \, dx = \frac{27}{16} + \frac{17}{48} = \frac{49}{24} \approx 2{,}04.$$

1. Bestimme den Flächeninhalt, den die Funktion f mit $f(x) = x^2 - 6x + 8$ im Intervall $[0,8]$ mit der x-Achse einschließt.

2. Berechne die abgebildete Fläche.

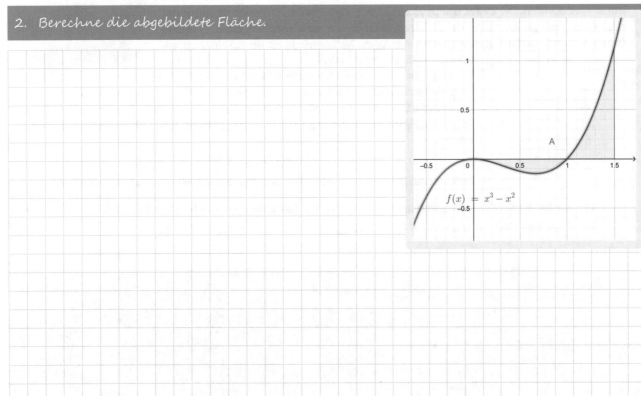

$f(x) = x^3 - x^2$

Anwendung der Integralrechnung

Die Integralrechnung wird vornehmlich zur *Rekonstruktion eines Bestands* verwendet. Aber auch die *Bestimmung von Mittelwerten* und *Rotationsvolumen* sind wichtige Anwendungen des Integrals. Im Folgenden wollen wir diese drei Aspekte noch einmal zusammenfassend aufgreifen.

Rekonstruktion von Beständen

Ist die Änderungsrate f' einer Bestandsfunktion f bekannt, dann ist die Änderung des Bestandes im Zeitraum $[t_1, t_2]$ gerade

$$\int_{t_1}^{t_2} f'(t)\, dt.$$

Kennt man den Bestand $f(t_1)$ bei t_1 lässt sich damit der Bestand $f(t_2)$ bei t_2 berechnen:

$$f(t_2) = f(t_1) + \int_{t_1}^{t_2} f'(t)\, dt.$$

Beispiele für solche Aufgaben sind die Berechnung

- des **zurückgelegten Weges** aus der **Geschwindigkeit,**
- der **Höhe einer Pflanze** aus der **Wachstumsgeschwindigkeit,**
- der **Flüssigkeitsmenge in einem Behälter** aus der **Zuflussrate,**
- oder der **Konzentration eines Medikaments** aus der **Abbaugeschwindigkeit des Medikaments.**

Beispielaufgabe:

Mit Hilfe eines Kondensators lässt sich elektrische Energie speichern und nahezu verlustfrei wieder abrufen. Die einfachste Bauform ist der sogenannte Plattenkondensator der aus einem Paar gleichgroßer Metallplatten besteht, die voneinander isoliert in einem festen Abstand montiert sind. Verbindet man beide Platten mit je einem Pol einer Stromquelle, fließt ein Strom (dabei wird negative Ladung auf den Kondensator übertragen), der beide Kondensatorplatten auflädt. Dadurch wächst die Spannung zwischen den Platten, sodass die Stromquelle gegen diese Spannung immer weniger Strom fließen lassen kann. Die Stromstärke (also die Änderung der Ladungsmenge auf dem Kondenstaor) lässt sich durch die Funktion I mit

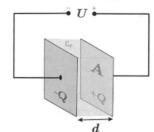

$$I(t) = I_0 \cdot e^{-t/\tau}$$

beschreiben (τ ist eine für jeden Kondensator individuelle charakteristische Größe).

(a) **Bestimme für die Ladungsmenge $Q(t)$, die sich zur Zeit t auf dem Kondensator befindet.**

(b) **Berechne (für $\tau = 2$ und $I_0 = 4$) die Ladung auf dem Kondensator bei $t = 2\tau$.**

Lösung: Die Stromstärke entspricht der Änderungsrate der Ladung. Gehen wir davon aus, dass der Kondensator zunächst nicht geladen ist, erhalten wir

$$Q(t) = Q(0) + \int_0^t I(s)\, ds = 0 + I_0 \cdot \int_0^t e^{-\frac{s}{\tau}}\, ds = I_0 \cdot \left[-\tau \cdot e^{-\frac{s}{\tau}} \right]_0^t = I_0 \cdot \left(-\tau \cdot e^{-\frac{t}{\tau}} + \tau \right)$$

und somit:

$$Q(2\tau) = I_0 \cdot \left(-\tau \cdot e^{-\frac{2\tau}{\tau}} + \tau \right) = 4 \cdot (-2e^{-2} + 2) \approx 6{,}917$$

1. Die Geschwindigkeit (in m/s) eines zur Zeit $t = 0$ (in s) startenden Sportwagens kann für die ersten 10 Sekunden durch die Funktion v beschrieben werden.

Bestimme den nach 8 Sekunden zurückgelegten Weg. $v(t) = -\frac{1}{4} \cdot t^3 + 3 \cdot t^2$

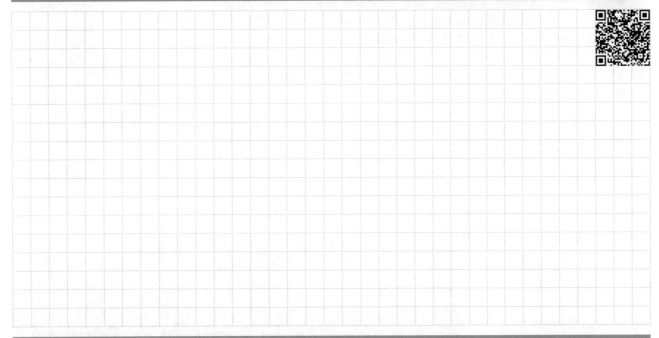

2. Die Wachstumsgeschwindigkeit eines Baums, der bei der Pflanzung 0,2m hoch ist, kann durch die Funktion f beschrieben werden.

(a) Wann erreicht der Baum eine Höhe von 25m?

(b) Wie hoch kann er maximal werden?

$f(t) = 0{,}075 \cdot t \cdot e^{-0{,}005 \cdot t^2}$

(t in Jahren, f(t) in Meter/Jahr)

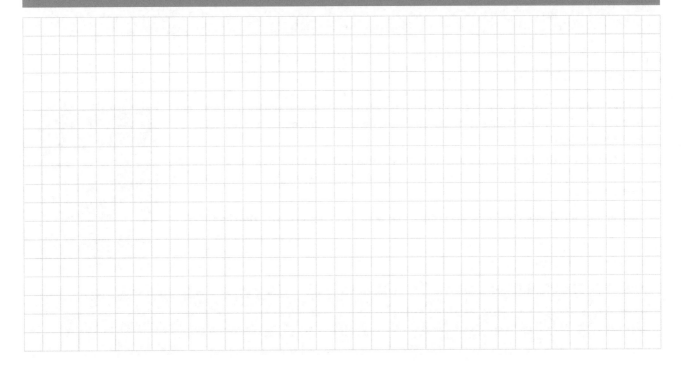

Bestimmung von Rotationsvolumen

Lassen wir eine Fläche um eine in derselben Ebene liegenden Achse rotieren, entsteht ein sogenannter *Rotationskörper,* wie eine *Kugel* oder ein *Torus.* Zur Bestimmung seines Volumens füllen bzw. überdecken wir ihn mit schmalen Zylindern, erzeugen also praktisch wieder eine **Unter- bzw. Obersumme,** nur eben diesmal für das Volumen. Erhöhen wir nun die Anzahl der Zylinder, werden sich auch hier Ober- und Untersumme einander nähern und im Grenzfall übereinstimmen. Aufgrund der Ähnlichkeit ist es nicht verwunderlich, dass diese Konstruktion im Grenzfall auch wieder auf ein Integral führt.

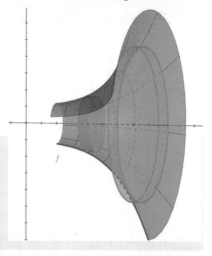

Dreht sich der Graph einer Funktion $r : [a, b] \to \mathbb{R}$ im Intervall $[a, b]$ um die x-Achse, entsteht die Oberfläche eines Körpers. Für das Volumen V dieses Rotationskörpers gilt

$$V = \pi \cdot \int_a^b \left(f(x) \right)^2 \mathrm{d}x.$$

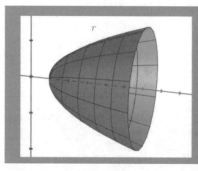

Aufgabe: Berechne für $r : [1,6] \to \mathbb{R}, r(x) = \sqrt{x-1}$ das Volumen des Körpers, der durch Rotation von r um die x-Achse entsteht.

Lösung: Gemäß obiger Formel erhalten wir

$$V = \pi \cdot \int_1^6 \left(\sqrt{x-1} \right)^2 \mathrm{d}x = \pi \cdot \left[\frac{1}{2} x^2 - x \right]_1^6 = \frac{25 \cdot \pi}{2} .$$

Bestimmung von Mittelwerten

Ist $f : [a, b] \to \mathbb{R}$ eine stetige Funktion, so ist ihr **Mittelwert** auf dem Intervall $[a, b]$:

$$\bar{f} = \frac{1}{b-a} \int_a^b f(x) \, \mathrm{d}x$$

Im Jahr 2008 stellte Usain Bolt mit einer Zeit von 9,69 s einen neuen Weltrekord über eine Strecke von 100 m auf. Während dieses Laufs wurde an verschiedenen Stellen seine Geschwindigkeit erfasst.

Aus diesen Daten hat ein Computer näherungsweise die Funktion $v : [0,100] \to \mathbb{R}$ mit $v(x) = -0,009 \cdot x^2 + 1,25 \cdot x$ rekonstruiert, die seine Geschwindigkeit in km/h nach x Metern angibt.

Ausgehend von dieser Funktion, wie schnell war Usain Bolt demnach im Durchschnitt?

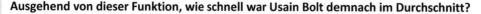

Lösung: Durchschnittlich lief er mit

$$\bar{v} = \frac{1}{100-0} \cdot \int_0^{100} v(x) \, \mathrm{d}x = 0,01 \cdot \int_0^{100} -0,009x^2 + 1,25x \, \mathrm{d}x = 32,5 \, km/h.$$

1. In einem Labor werden Bakterien gezüchtet, deren Anzahl sich näherungsweise gemäß der Funktion f mit $f(x) = -x^4 + 40x^3 - 500x^2 + 2000x + 1$ entwickeln.

   (a) Wie viele Bakterien gibt es in den ersten 6 Tagen im Durchschnitt?

   (b) Bestimme die Anzahl der Bakterien, die zwischen dem 3. und 6. Tag durchschnittlich gezüchtet werden.

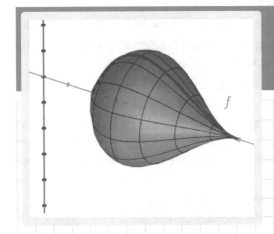

2. Bestimme das Volumen des links abgebildeten Körpers, der durch Rotation der Funktion f mit $f(x) = \frac{1}{4} \cdot (x-4)^2 \cdot (x-1)$ um die x-Achse entsteht.

Überlege zunächst, wie du an die Integrationsgrenzen gelangst. Was charakterisiert Anfang und Endpunkt des Rotationskörpers?

Übungsmix

1. Berechne die nachfolgenden Integrale.

   (a) $\int_0^1 \frac{1}{4}x^3 - x^2 \, dx$ (b) $\int_{-1}^1 \sqrt{2x + 3} \, dx$ (c) $\int_0^\pi 2x^2 \cdot \cos(x) \, dx$ (d) $\int_1^3 \ln(3x^2 - 4) \cdot x \, dx$

2. Eine Zahnarztpraxis möchte ihr Zahn-Logo aus Epoxidharz gegossen an ihrer Tür anbringen. Die Form des Logos entspricht einem Zahn und ist durch die beiden Funktionen f und g mit

   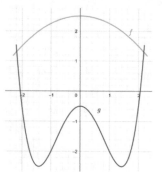

$$f(x) = -\frac{1}{4}x^2 + 2,5 \quad \text{und} \quad g(x) = \frac{1}{2}x^4 - 2x^2 - \frac{1}{2}$$

   (x und $f(x)$ bzw. $g(x)$ gemessen in dm)

   begrenzt. Berechne wie viel dm³ Harz für das Logo benötigt werden, wenn es 2 cm dick sein soll.

3. Eine Datei wird in 3,3 min aus dem Internet heruntergeladen und auf dem eigenen Computer gespeichert. Dabei wird zu einigen Zeitpunkten die Übertragungsrate notiert:

Vergangene Zeit (in min)	0	0,5	1,2	2	2,4	3,1
Übertragungsrate (in MB/s)	1,11	1,30	0,85	1,02	0,93	1,28

   (a) Welche geschätzte Dauer hättest du nach 0,5 min und nach 2 min angegeben?

   (b) Bestimme eine ganzrationale Funktion vierten Grades, die die Messwerte näherungsweise beschreibt.

   (c) Überprüfe die Qualität deiner Funktion mit Hilfe obiger Daten. In welchem Bereich könnte die wirkliche Übertragungsrate anders verlaufen sein? Wie wäre sie vermutlich verlaufen?

   (d) Zu welcher Zeit sind die ersten 400 MB der Datei auf dem Rechner gespeichert?

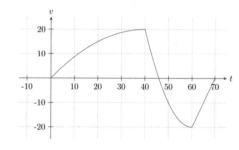

4. Ein Heißluftballon startet zum Zeitpunkt $t = 0$ vom Boden und ist dann ca. eine Stunde unterwegs. Das Diagramm auf der rechten Seite gibt die Geschwindigkeit des Ballons in vertikaler Richtung an.

   (a) Beschreibe den Bewegungsablauf qualitativ. In welchen Zeiträumen bewegt sich der Ballon nach oben bzw. unten? Wann steigt bzw. fällt er am schnellsten?

   (b) Gib eine sinnvolle Schätzung für die nach 30 Minuten erreichte Höhe. Was war ca. die maximale Höhe und wann wurde sie erreicht? Endet die Ballonfahrt auf der gleichen Höhe wie sie begonnen hat? Wie groß ist gegebenenfalls der Höhenunterschied?

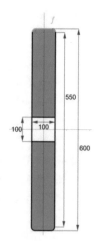

5. Eine Riemenscheibe (vgl. Abb. 1) soll für den Flachriemen-Antrieb eines mechanischen Hammers im Museum angefertigt werden, wobei nebenstehende Maße (in mm) einzuhalten sind. Bekanntlich muss die Riemenscheibe am Außendurchmesser eine ballige Kontur aufweisen, damit der Riemen nicht abspringt. Diese Kontur wird durch eine Funktion f mit $f(x) = ax^4 + b$ beschrieben. Welche Masse hat die Riemenscheibe, wenn sie aus Gusseisen mit einer Dichte von $\rho = 7{,}2 \frac{g}{cm^3}$ gefertigt werden soll?

Abb. 1

In diesem Kapitel lernst du

- *den Umgang mit Matrizen und wie man mit ihnen rechnet.*
  - *Rechenregeln für Matrizen*
  - *Matrizen zur Lösung linearer Gleichungssysteme*
- *was ein Vektor ist und das Rechnen mit Vektoren.*
  - *Skalarprodukt und Vektorprodukt*
  - *Winkel zwischen Vektoren*
- *die Nutzung von Vektoren zur Beschreibung von Ebenen und Geraden im Raum.*
  - *Parameterform und Normalenform*
  - *Gegenseitige Lage von Geraden und Ebenen*

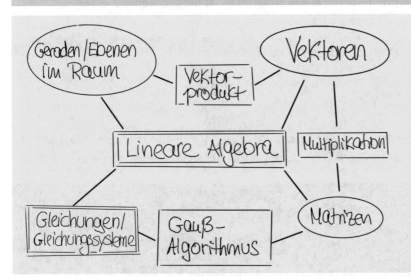

Beispielaufgaben aus diesem Kapitel

1. Bestimme eine Matrix A für die $A + 2 \cdot \begin{pmatrix} 1 & -1 \\ 0,5 & 0,75 \end{pmatrix} = \begin{pmatrix} 1 & 0 \\ 0 & 2 \end{pmatrix}$ gilt.

2. Löse das lineare Gleichungssystem
$$\begin{array}{rcrcrcl} 2x & + & 4y & - & z & = & 0 \\ x & - & y & & & = & 1 \\ & & -2y & + & 3z & = & 6 \end{array}.$$

3. Bestimme eine Gleichung der Geraden g durch die Punkte $A(2|-1|3)$ und $B(1|1|1)$.

4. Gegeben sind die zueinander windschiefen Geraden
$$g: \vec{x} = \begin{pmatrix} 1 \\ -3 \\ 2 \end{pmatrix} + r \cdot \begin{pmatrix} 1 \\ 2 \\ -3 \end{pmatrix} \quad \text{und} \quad h: \vec{x} = \begin{pmatrix} 14 \\ 4 \\ 3 \end{pmatrix} + r \cdot \begin{pmatrix} 2 \\ -3 \\ 0 \end{pmatrix}.$$

Bestimme eine Gleichung der Ebene E in der die Gerade g liegt und die zur Geraden h parallel ist.

5. Bestimme die gegenseitige Lage von
$$g: \vec{x} = \begin{pmatrix} 3 \\ 1 \\ -1 \end{pmatrix} + r \cdot \begin{pmatrix} 1 \\ -2 \\ 1 \end{pmatrix} \quad \text{und} \quad E: \begin{pmatrix} 1 \\ -1 \\ 3 \end{pmatrix} \cdot \left[\vec{x} - \begin{pmatrix} 0 \\ -1 \\ -1 \end{pmatrix} \right] = 0.$$

Matrizen und lineare Gleichungssysteme

Wie wir in **Kapitel 6** bereits gesehen haben, ist die Lösung linearer Gleichungssysteme durch sukzessives Auflösen und anschließendem Einsetzen aufwendig und unübersichtlich. Daher ist gerade bei größeren Gleichungssystemen das Additionsverfahren die bessere Wahl. Aber sogar dieses Verfahren lässt sich noch weiter verbessern. Dazu betrachten wir das Beispiel rechts.

Bei genauerer Betrachtung sind die Namen der Variablen in dem Gleichungssystem nicht entscheidend. Für die Lösung sind nur die Zahlen vor den Variablen und hinter dem Gleichheitszeichen entscheidend, also gerade die Zahlen:

$$\begin{array}{rrrrrrl} 2x & + & 4y & - & z & = & 0 \\ x & - & y & & & = & 1 \\ & - & 2y & + & 3z & = & 6 \end{array}$$

$$\begin{pmatrix} 2 & 4 & -1 & \big| & 0 \\ 1 & -1 & 0 & \big| & 1 \\ 0 & -2 & 3 & \big| & 6 \end{pmatrix}$$

Ein solches Zahlenschema nennen wir eine **Matrix** und diese spezielle Art die *erweiterte Koeffizientenmatrix* des linearen Gleichungssystems.

Eine **m × n-Matrix A** ist ein Zahlenschema der Form

$$A = \left(a_{ij}\right) = \begin{pmatrix} a_{11} & a_{12} & \cdots & a_{1n} \\ a_{21} & a_{22} & & a_{2n} \\ & \vdots & \ddots & \vdots \\ a_{m1} & a_{m2} & \cdots & a_{mn} \end{pmatrix}$$

Dabei gibt m die Anzahl der Zeilen und n die Anzahl der Spalten an. Ist $m = n$ so nennen wir die Matrix **quadratisch**. Enthält die Matrix nur Nullen, spricht man von der **Nullmatrix.**

Beispiele:

$$A = (0 \quad 2)$$

1×2-Matrix

$$B = \begin{pmatrix} 1 & 4 \\ -2 & 2 \\ 1 & 0 \end{pmatrix}$$

3×2-Matrix

$$C = \begin{pmatrix} 0 & 5 \\ -3 & 2 \end{pmatrix}$$

2×2-Matrix

Rechnen mit Matrizen

Auch mit Matrizen kann man rechnen, wobei die folgenden Regeln gelten:

Für zwei $m \times n$-Matrizen $A = \left(a_{ij}\right)$, $B = \left(b_{ij}\right)$ ist

$$A \pm B = \begin{pmatrix} a_{11} & \cdots & a_{1n} \\ \vdots & \ddots & \vdots \\ a_{m1} & \cdots & a_{mn} \end{pmatrix} \pm \begin{pmatrix} b_{11} & \cdots & b_{1n} \\ \vdots & \ddots & \vdots \\ b_{m1} & \cdots & b_{mn} \end{pmatrix} = \begin{pmatrix} a_{11} \pm b_{11} & \cdots & a_{1n} \pm b_{1n} \\ \vdots & \ddots & \vdots \\ a_{m1} \pm b_{m1} & \cdots & a_{mn} \pm b_{mn} \end{pmatrix}$$

Matrizen werden also komponentenweise addiert bzw. subtrahiert.

Beispiel: Für $A = \begin{pmatrix} 2 & 0 \\ -1 & 1 \end{pmatrix}$ und $B = \begin{pmatrix} 1 & -2 \\ 0 & 4 \end{pmatrix}$ ist

$$A + B = \begin{pmatrix} 2 & 0 \\ -1 & 1 \end{pmatrix} + \begin{pmatrix} 1 & -2 \\ 0 & 4 \end{pmatrix} = \begin{pmatrix} 2+1 & 1+(-2) \\ -1+0 & 1+4 \end{pmatrix} = \begin{pmatrix} 3 & -2 \\ -1 & 5 \end{pmatrix}.$$

Beachte, dass nur Matrizen **mit gleicher Zeilenzahl und gleicher Spaltenzahl** addiert werden können. Eine 1×3-Matrix lässt sich nicht zu einer 2×1-Matrix addieren!

1. Berechne

(a) $\begin{pmatrix} 1 & -\dfrac{3}{2} \\ 1,5 & 0 \end{pmatrix} + \begin{pmatrix} 2,2 & 2 \\ \dfrac{1}{2} & -1 \end{pmatrix}$

(b) $\begin{pmatrix} 2 & 0 & -2 \\ 1 & 3 & 3 \\ 4 & -2,5 & \dfrac{1}{4} \end{pmatrix} + \begin{pmatrix} 1 & 1 & 0,5 \\ 1 & 0 & 1 \\ \dfrac{1}{5} & -1 & \dfrac{3}{4} \end{pmatrix}$

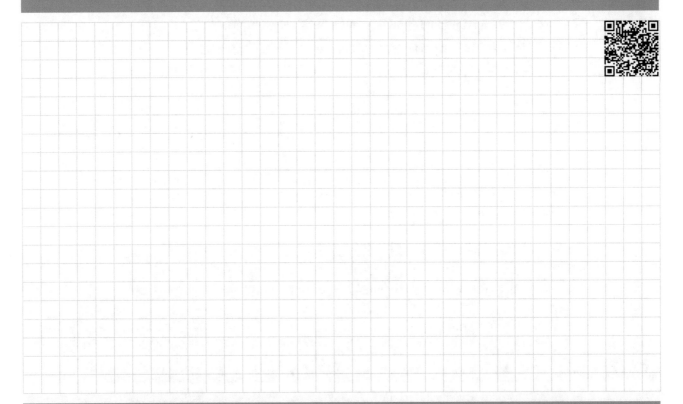

2. Bestimme Matrizen A und B so, dass

(a) $A + \begin{pmatrix} 1 & -\dfrac{1}{5} \\ 0,5 & 0,75 \end{pmatrix} = \begin{pmatrix} 1 & 0 \\ 0 & 2 \end{pmatrix}$

(b) $\begin{pmatrix} \dfrac{1}{3} & -2 & -2 \\ 4 & 1 & 0 \\ \dfrac{3}{5} & 1 & \dfrac{1}{2} \end{pmatrix} + B = \begin{pmatrix} 0 & 1 & 0 \\ 1 & 1 & 0 \\ 0 & 0 & 1 \end{pmatrix}$

Multiplikation von Matrizen

- **mit einer Zahl:** Für eine reelle Zahl z und eine $m \times n$-Matrix $A = (a_{ij})$, ist

$$z \cdot A = z \cdot \begin{pmatrix} a_{11} & \cdots & a_{1n} \\ \vdots & \ddots & \vdots \\ a_{m1} & \cdots & a_{mn} \end{pmatrix} = \begin{pmatrix} z \cdot a_{11} & \cdots & z \cdot a_{1n} \\ \vdots & \ddots & \vdots \\ z \cdot a_{m1} & \cdots & z \cdot a_{mn} \end{pmatrix}.$$

Es wird also auch komponentenweise mit einer Zahl multipliziert.

- **mit einer anderen Matrix:** Ist $B = (b_{ij})$ eine $n \times p$-Matrix so ist

$$A \cdot B = \begin{pmatrix} a_{11} & \cdots & a_{1n} \\ \vdots & \ddots & \vdots \\ a_{m1} & \cdots & a_{mn} \end{pmatrix} \cdot \begin{pmatrix} b_{11} & \cdots & b_{1p} \\ \vdots & \ddots & \vdots \\ b_{n1} & \cdots & b_{np} \end{pmatrix}$$

"Zeile × Spalte"

$$= \begin{pmatrix} a_{11} \cdot b_{11} + \cdots + a_{1n} \cdot b_{n1} & \cdots & a_{11} \cdot b_{1p} + \cdots + a_{1n} \cdot b_{np} \\ \vdots & \ddots & \vdots \\ a_{m1} \cdot b_{11} + \cdots + a_{mn} \cdot b_{n1} & \cdots & a_{m1} \cdot b_{1p} + \cdots + a_{mn} \cdot b_{np} \end{pmatrix}.$$

Es werden also die Koeffizienten der i-ten Zeile von A mit den jeweiligen Koeffizienten der j-ten Spalte von B multipliziert.

Beispiel: Für $z = 3$, $A = \begin{pmatrix} 2 & 1 \\ -2 & 0 \end{pmatrix}$ und $B = \begin{pmatrix} 1 & 3 \\ 2 & -1 \end{pmatrix}$ ist

$$z \cdot A = 3 \cdot \begin{pmatrix} 2 & 1 \\ -2 & 0 \end{pmatrix} = \begin{pmatrix} 3 \cdot 2 & 3 \cdot 1 \\ 3 \cdot (-2) & 3 \cdot 0 \end{pmatrix} = \begin{pmatrix} 6 & 3 \\ -6 & 0 \end{pmatrix}$$

sowie

$$A \cdot B = \begin{pmatrix} 2 & 1 \\ -2 & 0 \end{pmatrix} \cdot \begin{pmatrix} 1 & 3 \\ 2 & -1 \end{pmatrix} = \begin{pmatrix} 2 \cdot 1 + 1 \cdot 2 & 2 \cdot 3 + 1 \cdot (-1) \\ -2 \cdot 1 + 0 \cdot 2 & -2 \cdot 3 + 0 \cdot (-1) \end{pmatrix} = \begin{pmatrix} 4 & 5 \\ -2 & -6 \end{pmatrix}.$$

Sollen zwei Matrizen miteinander multipliziert werden, geht das nur, wenn die Spaltenzahl der ersten Matrix mit der Zeilenzahl der zweiten Matrix übereinstimmt. Eine 2×3-Matrix kann also nicht mit einer anderen 2×3-Matrix multipliziert werden, jedoch mit einer 3×2-Matrix.

Anders als bei reellen Zahlen gibt es bei der Rechnung mit Matrizen allerdings **keine Division**. Das bedeutet im Klartext, dass wir eben nicht „durch eine Matrix teilen" können. Glücklicherweise übertragen sich aber fast alle Rechengesetze, die wir auch vom Rechnen mit Zahlen kennen.

Für reelle Zahlen a, b und $m \times n$-Matrizen A, B, C sowie eine $n \times p$-Matrix D gilt:

- **Kommutativgesetz:** $\quad A + B = B + A$

- **Assoziativgesetz:** $\quad A + (B + C) = (A + B) + C \quad$ bzw. $\quad A \cdot (B \cdot C) = (A \cdot B) \cdot C$

$\qquad\qquad\qquad\qquad (a \cdot b) \cdot A = a \cdot (b \cdot A)$

- **Distributivgesetz:** $\quad (A + B) \cdot D = A \cdot D + B \cdot D$

$\qquad\qquad\qquad\qquad (a + b) \cdot A = a \cdot A + b \cdot A \quad$ bzw. $\quad a \cdot (A + B) = a \cdot A + a \cdot B$

Die Multiplikation von Matrizen ist im Allgemeinen nicht kommutativ. Das bedeutet, dass es beim Multiplizieren von Matrizen auf die Reihenfolge ankommt. In der Regel ist nämlich:

$$A \cdot B \neq B \cdot A$$

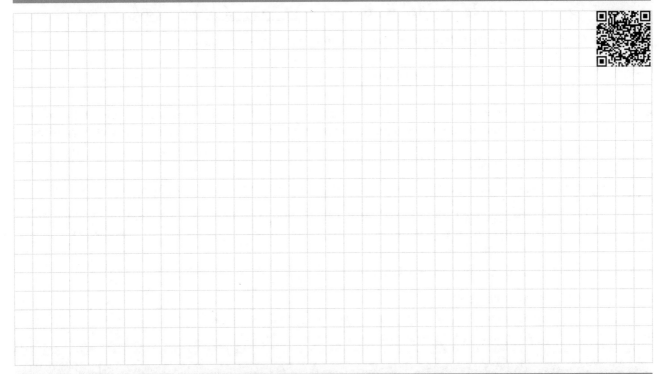

1. Seien $A = \begin{pmatrix} 2 & 3{,}5 & -1 \\ 4 & 0 & 2 \end{pmatrix}$, $B = \begin{pmatrix} 2 & \frac{1}{3} \\ \frac{1}{2} & 3 \end{pmatrix}$ und $C = \begin{pmatrix} 0 & -1 & 1 \\ 1 & 3 & 2 \\ -2 & \frac{1}{2} & 1{,}5 \end{pmatrix}$. Welches der folgenden Produkte ist sinnvoll? Bestimme gegebenenfalls das Ergebnis.

    (a) $C \cdot A$ (b) $B \cdot C$ (c) $A^2 = A \cdot A$ (d) $A \cdot B$ (c) $B \cdot (C \cdot A)$

2. Für $A = \begin{pmatrix} 3 & -\frac{1}{5} \\ \frac{1}{2} & 4 \end{pmatrix}$, $B = \begin{pmatrix} -2 & 0 \\ 0 & 2 \end{pmatrix}$ und $C = \begin{pmatrix} 2 & 3 \\ -1 & 1 \end{pmatrix}$ berechne

    (a) $A \cdot C - C \cdot A$ (b) $\frac{3}{2} \cdot A - 2 \cdot (B - C)$

Lösung linearer Gleichungssysteme mit Matrizen

Mit den Rechenregeln für Matrizen können wir nun unser Gleichungssystem vom Anfang (Seite 189) umschreiben in eine Matrix-Gleichung (führe die Matrizenmultiplikation auf der rechten Seite einfach aus):

$$
\begin{array}{rcrcrcl}
2x & + & 4y & - & z & = & 0 \\
x & - & y & & & = & 1 \\
& - & 2y & + & 3z & = & 6
\end{array}
\quad \Leftrightarrow \quad
\underbrace{\begin{pmatrix} 2 & 4 & -1 \\ 1 & -1 & 0 \\ 0 & -2 & 3 \end{pmatrix}}_{A} \cdot \underbrace{\begin{pmatrix} x \\ y \\ z \end{pmatrix}}_{x} = \underbrace{\begin{pmatrix} 0 \\ 1 \\ 6 \end{pmatrix}}_{b}.
$$

Die Matrix A nennt man *Koeffizientenmatrix* und abkürzend verwendet man auch

$$
(A|b) := \left(\begin{array}{ccc|c} 2 & 4 & -1 & 0 \\ 1 & -1 & 0 & 1 \\ 0 & -2 & 3 & 6 \end{array} \right),
$$

also die *erweiterte Koeffizientenmatrix* statt die Matrixgleichung $A \cdot x = b$ voll auszuschreiben. In dieser Kurzschreibweise existiert zudem ein einfaches und stets funktionierendes Verfahren zur Lösung eines Gleichungssystems.

Gauß-Algorithmus

Ziel: In der erweiterten Koeffizientenmatrix möglichst viele Nullen erzeugen.

Vorgehen: Erzeuge in der ersten Spalte Nullen unterhalb der ersten Zeile dann in der zweiten Spalte Nullen unter der zweiten Zeile und fahre solange fort, bis du bei der letzten Spalte oder der letzten Zeile angekommen bist.

Erlaubte Umformungen: Dabei dürfen Zeilen innerhalb der Matrix

- vertauscht werden
- mit einer von Null verschiedenen Zahl multipliziert werden
- zu einer anderen Zeile hinzuaddiert werden

Beispiel: Gesucht ist die Lösung des Gleichungssystems

$$
\begin{array}{rcrcrcl}
x & + & y & + & z & = & 1 \\
& & y & + & 2z & = & 0 \\
-2x & - & 3y & - & z & = & 1
\end{array}
\quad \Leftrightarrow \quad
\left(\begin{array}{ccc|c} 1 & 1 & 1 & 1 \\ 0 & 1 & 2 & 0 \\ -2 & -3 & -1 & 1 \end{array} \right).
$$

Lösung: Wir verwenden den Gauß–Algorithmus:

$$
\left(\begin{array}{ccc|c} 1 & 1 & 1 & 1 \\ 0 & 1 & 2 & 0 \\ -2 & -3 & -1 & 1 \end{array} \right)
\xleftrightarrow{\text{III}+2\cdot\text{I}}
\left(\begin{array}{ccc|c} 1 & 1 & 1 & 1 \\ 0 & 1 & 2 & 0 \\ 0 & -1 & 1 & 3 \end{array} \right)
\xleftrightarrow{\text{III}+1\cdot\text{II}}
\left(\begin{array}{ccc|c} 1 & 1 & 1 & 1 \\ 0 & 1 & 2 & 0 \\ 0 & 0 & 3 & 3 \end{array} \right).
$$

Übersetzen wir die erweiterte Koeffizientenmatrix nun zurück, erhalten wir ein besonders einfaches System, das sich sehr schnell lösen lässt:

$$
\left(\begin{array}{ccc|c} 1 & 1 & 1 & 1 \\ 0 & 1 & 2 & 0 \\ 0 & 0 & 3 & 3 \end{array} \right)
\quad \Leftrightarrow \quad
\begin{array}{rcrcrcl}
x & + & y & + & z & = & 1 \\
& & y & + & 2z & = & 0 \\
& & & & 3z & = & 3
\end{array}.
$$

- Die letzte Zeile liefert nun nämlich umgehend: $z = 1$.
- Setzen wir diese Lösung nun in die zweite Zeile ein, folgt:
$$
y + 2z = 0 \underset{z=1}{\Longleftrightarrow} y + 2 = 0 \Leftrightarrow y = -2.
$$
- Schlussendlich erhalten wir dann aus der ersten Zeile:
$$
x + y + z = 0 \underset{z=1, y=-2}{\Longleftrightarrow} x - 2 + 1 = 0 \Leftrightarrow x = 1.
$$

1. Bestimme die Lösung der linearen Gleichungssysteme:

(a) $\begin{aligned} -3x + 2y &= 1 \\ 2x - y &= 6 \end{aligned}$

(b) $\begin{aligned} x + 2y + 3z &= 7 \\ 4x + 5y + 6z &= 25 \\ 5x + 7y - z &= 42 \end{aligned}$

Auch wenn bisher jedes Gleichungssystem genau eine Lösung hatte, ist das im Allgemeinen nicht so.

Starten wir etwa mit dem (zugegeben) sehr einfachen Gleichungssystem

$$\begin{array}{rcrcr} 2x & - & 4y & = & 2 \\ -x & + & 2y & = & -4 \end{array} \quad \Leftrightarrow \quad \left(\begin{array}{cc|c} 2 & -4 & 2 \\ -1 & 2 & -4 \end{array}\right)$$

so folgt bereits nach einem Schritt

$$\left(\begin{array}{cc|c} 2 & -4 & 2 \\ -1 & 2 & -4 \end{array}\right) \xrightarrow{\text{II}+0,5\cdot\text{I}} \left(\begin{array}{cc|c} 2 & -4 & 2 \\ 0 & 0 & -3 \end{array}\right).$$

Übersetzen wir nun zurück in ein Gleichungssystem, folgt aus der letzten Zeile

$$0x + 0y = -3 \quad \Leftrightarrow \quad 0 = -3$$

und diese Gleichung ist mit Sicherheit nicht korrekt. Es gibt also keine Kombination von Zahlen x und y sodass alle Gleichungen erfüllt sind. Das Gleichungssystem hat also keine Lösung.

Merke: Ein lineares Gleichungssystem hat entweder genau eine, keine oder sogar unendlich viele Lösungen.

Beispiel: Löse das Gleichungssystem

$$\begin{array}{rcrcrcr} x & + & 2y & - & z & = & 2 \\ & & y & + & 2z & = & 1 \\ -x & - & 3y & - & z & = & -3 \end{array} \quad \Leftrightarrow \quad \left(\begin{array}{ccc|c} 1 & 2 & -1 & 2 \\ 0 & 1 & 2 & 1 \\ -1 & -3 & -1 & -3 \end{array}\right)$$

Lösung: Mit dem Gauß-Algorithmus erhalten wir sofort

$$\left(\begin{array}{ccc|c} 1 & 2 & -1 & 2 \\ 0 & 1 & 2 & 1 \\ -1 & -3 & -1 & -3 \end{array}\right) \xrightarrow{\text{III}+\text{I}} \left(\begin{array}{ccc|c} 1 & 2 & -1 & 2 \\ 0 & 1 & 2 & 1 \\ 0 & -1 & -2 & -1 \end{array}\right) \xrightarrow{\text{III}+\text{II}} \left(\begin{array}{ccc|c} 1 & 2 & -1 & 2 \\ 0 & 1 & 2 & 1 \\ 0 & 0 & 0 & 0 \end{array}\right).$$

Umwandeln in ein lineares Gleichungssystem liefert nun allerdings nur noch zwei Gleichungen (die letzte besagt ja nur $0 = 0$, trägt also keine nützliche Information bei)

$$\begin{array}{rcrcrcr} x & + & 2y & - & z & = & 2 \\ & & y & + & 2z & = & 1 \end{array}$$

mit drei Unbekannten. So etwas nennt man ein unterbestimmtes Gleichungssystem. Diese hat unendlich viele Lösungen, denn lösen wir die zweite Gleichung nach y auf

$$y + 2z = 1 \quad \Leftrightarrow \quad y = 1 - 2z,$$

setzen sie in die erste Gleichung ein und lösen diese nach x auf, erhalten wir

$$x + 2y - z = 2 \quad \Leftrightarrow \quad x + 2\cdot(1 - 2z) - z = 2 \quad \Leftrightarrow \quad x = 5z.$$

Für jede beliebige Wahl von z können wir also x und y so bestimmen, dass alle Gleichungen des Gleichungssystems erfüllt sind. Die Lösungsmenge besteht also gerade aus allen Zahlentripeln $(x, y, z) = (5z, 1 - 2z, z)$ mit einer beliebigen reellen Zahl z.

Merke: Bei einem unterbestimmten Gleichungssystem, also einem Gleichungssystem in dem mehr Variablen als Gleichungen auftreten, gibt es keine oder unendlich viele Lösungen.

1. Bestimme die Lösung der linearen Gleichungssysteme

(a)
$$3x - 2y + z = 0$$
$$x + y - 2z = 2$$

(b)
$$4x + 8y + 3z = 7$$
$$x + y + z = 2$$
$$-x + 3y - 2z = -3$$

Vektorrechnung

In den Naturwissenschaften begegnen uns neben Größen, die durch Angabe eines reellen Wertes bestimmt werden – sogenannten *Skalaren* – auch andere, bei denen zusätzlich zur Angabe eines Wertes noch eine Richtung vorgegeben wird, in die die entsprechende Größe wirkt. Beispiele dafür sind Kräfte, Drehmomente, Geschwindigkeit und Beschleunigung. Aus mathematischer Sicht lassen sich diese Größen mit Hilfe von *Vektoren* aus dem Vektorraum $\mathbb{R}^3$ beschreiben.

Der $\mathbb{R}^3$ entspricht der Menge aller reellen 3-Tupel, d. h.

$$\mathbb{R}^3 = \left\{ \vec{x} = \begin{pmatrix} x_1 \\ x_2 \\ x_3 \end{pmatrix} \,\middle|\, x_1, x_2, x_3 \in \mathbb{R} \right\},$$

für die Addition, Subtraktion und die Multiplikation mit einer Zahl wie bei Matrizen definiert sind:

$$\vec{x} + \vec{y} = \begin{pmatrix} x_1 \\ x_2 \\ x_3 \end{pmatrix} \pm \begin{pmatrix} y_1 \\ y_2 \\ y_3 \end{pmatrix} = \begin{pmatrix} x_1 \pm y_1 \\ x_2 \pm y_2 \\ x_3 \pm y_3 \end{pmatrix} \quad \text{und} \quad \lambda \cdot \vec{x} = \lambda \cdot \begin{pmatrix} x_1 \\ x_2 \\ x_3 \end{pmatrix} = \begin{pmatrix} \lambda \cdot x_1 \\ \lambda \cdot x_2 \\ \lambda \cdot x_3 \end{pmatrix}.$$

Geometrisch lassen sich Vektoren auf zwei verschiedene Arten betrachten:

- als **Ortsvektor**, der die Lage von Punkten im Raum gegenüber einem festen Koordinatenursprung O angibt,

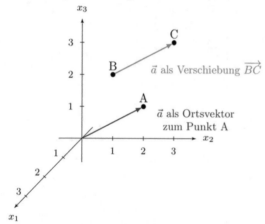

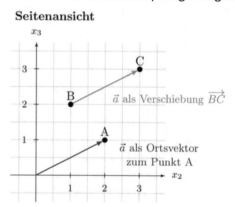

Seitenansicht

- als **Verschiebung**, die die Lage eines Punktes gegenüber einem anderen Punkt charakterisiert. Sind etwa A und B Punkte im Raum, so nennen wir den Vektor, der von A nach B zeigt, $\overrightarrow{AB}$ und den Vektor, der von B nach A zeigt, $\overrightarrow{BA}$.

In diesem Sinne entspricht dann die skalare Multiplikation eines Vektors $\vec{v}$ mit einer Zahl λ einer Streckung bzw. Stauchung von $\vec{v}$ um diesen Faktor λ. Ist λ negativ, so kehrt sich zusätzlich die Richtung des Vektors um, d. h. der Vektor $-\vec{v} = -1 \cdot \vec{v}$ zeigt genau in die zu $\vec{v}$ entgegengesetzte Richtung. Man nennt ihn auch *Gegenvektor* zu $\vec{v}$.

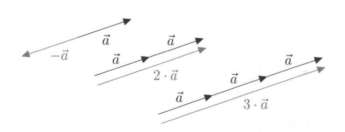

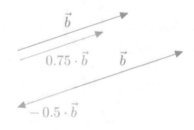

1. Seien $\vec{x} = \begin{pmatrix} 1 \\ -2 \\ 2 \end{pmatrix}$, $\vec{y} = \begin{pmatrix} 0 \\ 1 \\ 1 \end{pmatrix}$ und $\vec{z} = \begin{pmatrix} 3 \\ 0 \\ 2 \end{pmatrix}$. Berechne

(a) $\vec{x} + \vec{y}$ (b) $\vec{y} - \vec{z}$ (c) $2 \cdot \vec{x} - 3 \cdot (\vec{y} + \vec{z})$ (d) $\vec{z} + \frac{1}{2}(\vec{z} - \vec{y})$

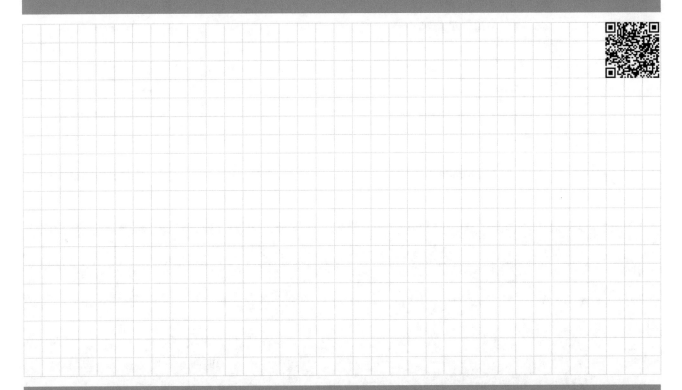

2. Bestimme einen Vektor $\vec{x}$ sodass

(a) $0{,}5 \cdot \begin{pmatrix} -1 \\ 0 \\ 1 \end{pmatrix} + \left[\vec{x} - \begin{pmatrix} 2 \\ 1 \\ 1 \end{pmatrix} \right] = \begin{pmatrix} 0 \\ 0 \\ 0 \end{pmatrix}$ (b) $\frac{3}{2} \cdot \left[\vec{x} - \begin{pmatrix} -3 \\ 2 \\ -1 \end{pmatrix} \right] = \vec{x} + \begin{pmatrix} -1 \\ 1 \\ 1 \end{pmatrix}$

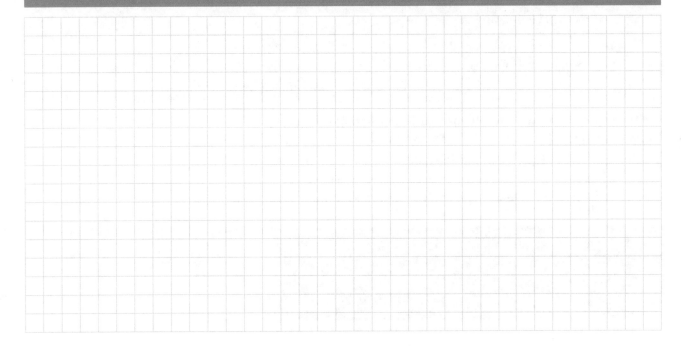

Die Addition zweier Vektoren $\vec{u}$ und $\vec{v}$ entspricht geometrisch dem Aneinanderhängen der Pfeile und die Subtraktion $\vec{u} - \vec{v}$ wird einfach als Addition der Vektoren $\vec{u}$ und $-\vec{v}$ aufgefasst.

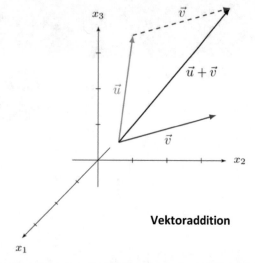

Vektoraddition

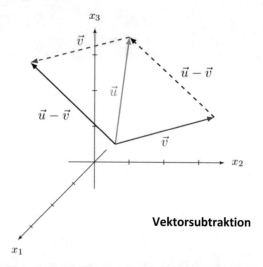

Vektorsubtraktion

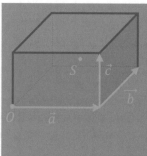

Aufgabe: Der Punkt S liegt im Mittelpunkt des abgebildeten Quaders. Stelle den Vektor $\overrightarrow{OS}$ über die drei Vektoren $\vec{a}$, $\vec{b}$ und $\vec{c}$ dar.

Lösung: Da S der Mittelpunkt des Quaders ist, müssen wir von O ausgehend zunächst die halbe Strecke in Richtung von $\vec{a}$ laufen, dann die halbe Strecke in Richtung von $\vec{b}$ und schließlich die halbe Strecke in Richtung von $\vec{c}$, also:

$$\overrightarrow{OS} = \frac{1}{2} \cdot \vec{a} + \frac{1}{2} \cdot \vec{b} + \frac{1}{2} \cdot \vec{c} = \frac{1}{2} \cdot (\vec{a} + \vec{b} + \vec{c}).$$

Rechenregeln für Vektoren

Für Vektoren $\vec{u}, \vec{v}, \vec{w}$ und reelle Zahlen λ, μ gelten

- das Kommutativgesetz: $\vec{u} + \vec{v} = \vec{v} + \vec{u}$
- das Assoziativgesetz: $\vec{u} + (\vec{v} + \vec{w}) = (\vec{u} + \vec{v}) + \vec{w}$
- das Distributivgesetz: $(\lambda + \mu) \cdot \vec{v} = \lambda \cdot \vec{v} + \mu \cdot \vec{v}$
                                $\lambda \cdot (\vec{u} + \vec{v}) = \lambda \cdot \vec{u} + \lambda \cdot \vec{v}$

Die Länge eines Vektors $\vec{v}$ nennt man auch **den Betrag oder die Norm** des Vektors (in Zeichen: $\|\vec{v}\|$). Sie lässt sich leicht mit dem Satz des Pythagoras (Kapitel 7) berechnen:

$$\vec{v} = \begin{pmatrix} v_1 \\ v_2 \\ v_3 \end{pmatrix} \implies \|\vec{v}\| = \sqrt{c^2 + v_3^2} = \sqrt{v_1^2 + v_2^2 + v_3^2}$$

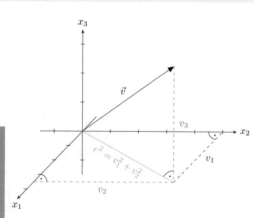

Beispiel:

$$\left\| \begin{pmatrix} 3 \\ 1 \\ -2 \end{pmatrix} \right\| = \sqrt{3^2 + 1^2 + (-2)^2} = \sqrt{14}$$

1. Die drei Punkte A(2|−1|3), B(1|1|1) und C(0|0|5) bilden ein Dreieck.
   (a) Skizziere das Dreieck in ein passendes Koordinatensystem.
   (b) Bestimme die Vektoren $\overrightarrow{AB}, \overrightarrow{BC}$ und $\overrightarrow{CA}$ sowie ihre Längen.

2. In dem rechts abgebildeten Quader teilt T die Raumdiagonale $\overrightarrow{BH}$ im Verhältnis 3:1.
   Der Vektor $\overrightarrow{GT}$ wird bis zur Fläche ADHE verlängert und berührt diese im Punkt S.
   (a) Wie lässt sich $\overrightarrow{AS}$ durch die Vektoren $\vec{a}$, $\vec{b}$ und $\vec{c}$ darstellen?
   (b) In welchem Verhältnis teilt T den Vektor $\overrightarrow{GS}$?

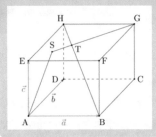

Multiplikation von Vektoren

Bisher können wir Vektoren lediglich mit Zahlen multiplizieren. Aber auch die Multiplikation von Vektoren untereinander ist möglich. Es existieren sogar zwei verschiedene Multiplikationen.

Das Skalarprodukt

Für zwei Vektoren $\vec{u}$ und $\vec{v}$ ist das Skalarprodukt $\vec{u} \cdot \vec{v}$ gegeben durch

$$\vec{u} \cdot \vec{v} = \begin{pmatrix} u_1 \\ u_2 \\ u_3 \end{pmatrix} \cdot \begin{pmatrix} v_1 \\ v_2 \\ v_3 \end{pmatrix} = u_1 \cdot v_1 + u_2 \cdot v_2 + u_3 \cdot v_3 \,.$$

Das Skalarprodukt liefert als Ergebnis also keinen Vektor, sondern (daher der Name) eine Zahl. Insbesondere gilt für Vektoren $\vec{u}$, $\vec{v}$, $\vec{w}$ und eine Zahl λ:

(i) $\vec{u} \cdot \vec{v} = \vec{v} \cdot \vec{u}$ (ii) $\vec{u} \cdot (\vec{v} + \vec{w}) = \vec{u} \cdot \vec{v} + \vec{u} \cdot \vec{w}$ (iii) $\lambda \cdot (\vec{u} \cdot \vec{v}) = (\lambda \cdot \vec{u}) \cdot \vec{v}$

Beispiel:

$$\begin{pmatrix} 1 \\ 2 \\ 2 \end{pmatrix} \cdot \begin{pmatrix} 2 \\ 3 \\ -1 \end{pmatrix} = 1 \cdot 2 + 2 \cdot 3 + 2 \cdot (-1) = 2 + 6 - 2 = 6 \,.$$

Das Skalarprodukt lässt sich natürlich auch geometrisch interpretieren. Ist nämlich α der kleinere der beiden Winkel, der zwei Vektoren $\vec{u} \neq \vec{0}$ und $\vec{v} \neq \vec{0}$ einschließt, so folgt mit dem *Cosinussatz* (Kapitel 7)

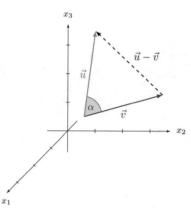

$$\|\vec{u} - \vec{v}\|^2 = \|\vec{u}\|^2 + \|\vec{v}\|^2 - 2 \cdot \|\vec{u}\| \cdot \|\vec{v}\| \cdot \cos(\alpha)$$

und mit den Eigenschaften des Skalarproduktes

$$\|\vec{u} - \vec{v}\|^2 = (\vec{u} - \vec{v}) \cdot (\vec{u} - \vec{v})$$
$$= \vec{u} \cdot \vec{u} - \vec{u} \cdot \vec{v} - \vec{v} \cdot \vec{u} + \vec{v} \cdot \vec{v} = \|\vec{u}\|^2 - 2 \cdot \vec{u} \cdot \vec{v} + \|\vec{v}\|^2$$

also

$$-2 \cdot \vec{u} \cdot \vec{v} = -2 \cdot \|\vec{u}\| \cdot \|\vec{v}\| \cdot \cos(\alpha) \quad \Leftrightarrow \quad \cos(\alpha) = \frac{\vec{u} \cdot \vec{v}}{\|\vec{u}\| \cdot \|\vec{v}\|} \,.$$

Mit dem Skalarprodukt können wir also Winkel zwischen zwei Vektoren berechnen. Insbesondere stehen Vektoren $\vec{u} \neq \vec{0}$, $\vec{v} \neq \vec{0}$ mit $\vec{u} \cdot \vec{v} = 0$ *senkrecht* aufeinander. Solche Vektoren nennt man **orthogonal.**

Beispiel: Für den Winkel zwischen den beiden Vektoren $\vec{u} = \begin{pmatrix} 2 \\ -2 \\ 1 \end{pmatrix}$ und $\vec{v} = \begin{pmatrix} -3 \\ 4 \\ 0 \end{pmatrix}$ gilt:

$$\cos(\alpha) = \frac{\begin{pmatrix} 2 \\ -2 \\ 1 \end{pmatrix} \cdot \begin{pmatrix} -3 \\ 4 \\ 0 \end{pmatrix}}{\left\| \begin{pmatrix} 2 \\ -2 \\ 1 \end{pmatrix} \right\| \cdot \left\| \begin{pmatrix} -3 \\ 4 \\ 0 \end{pmatrix} \right\|} = -\frac{14}{3 \cdot 5} = -\frac{14}{15} \quad \Leftrightarrow \quad \alpha = \cos^{-1}\left(-\frac{14}{15}\right) \approx 0{,}883\pi \,.$$

Merke: Als Winkel zwischen zwei Vektoren wählt man stets den kleineren der beiden Winkel, also gerade den Winkel α für den $0 \leq \alpha \leq \pi$ gilt.

1. Berechne jeweils das Skalarprodukt der beiden Vektoren $\vec{u}$ und $\vec{v}$.

   (a) $\vec{u} = \begin{pmatrix} 1 \\ -2 \\ -4 \end{pmatrix}$, $\vec{v} = \begin{pmatrix} -3 \\ 3 \\ -1 \end{pmatrix}$

   (b) $\vec{u} = \begin{pmatrix} 5 \\ 1 \\ 9 \end{pmatrix}$, $\vec{v} = \begin{pmatrix} 2 \\ 8 \\ -2 \end{pmatrix}$

   Welchen Winkel schließen sie ein?

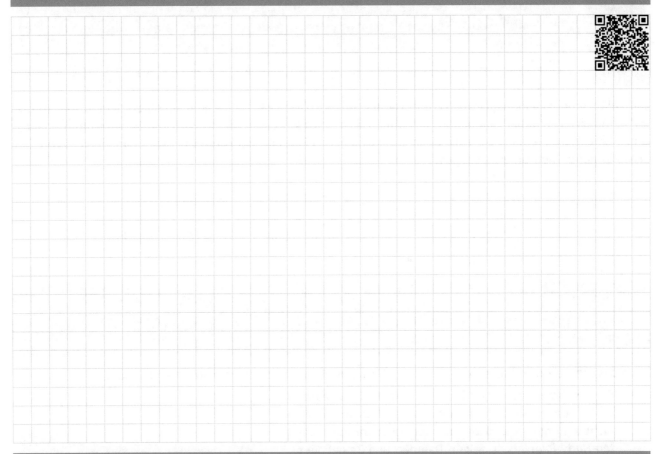

2. Für welches a sind die beiden angegebenen Vektoren $\vec{u}$ und $\vec{v}$ orthogonal?

   (a) $\vec{u} = \begin{pmatrix} 2 \\ -7 \\ 1 \end{pmatrix}$, $\vec{v} = \begin{pmatrix} 5 \\ 3 \\ a \end{pmatrix}$

   (b) $\vec{u} = \begin{pmatrix} 4 \\ 4 \\ -6 \end{pmatrix}$, $\vec{v} = \begin{pmatrix} a \\ -5 \\ 3 \end{pmatrix}$

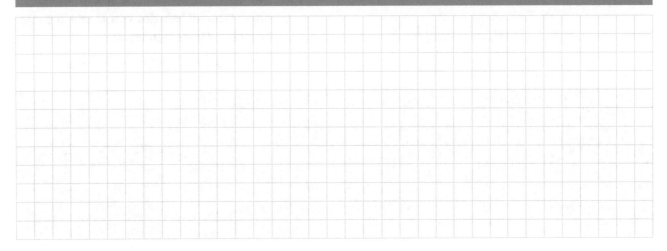

Das Vektorprodukt

Für zwei Vektoren $\vec{u}$ und $\vec{v}$ ist das Vektorprodukt $\vec{u} \times \vec{v}$ gegeben durch

$$\vec{u} \times \vec{v} = \begin{pmatrix} u_1 \\ u_2 \\ u_3 \end{pmatrix} \times \begin{pmatrix} v_1 \\ v_2 \\ v_3 \end{pmatrix} = \begin{pmatrix} u_2 v_3 - u_3 v_2 \\ u_3 v_1 - u_1 v_3 \\ u_1 v_2 - u_2 v_1 \end{pmatrix}.$$

Das Vektorprodukt liefert als Ergebnis also einen Vektor (daher der Name). Insbesondere gelten für Vektoren $\vec{u}$, $\vec{v}$, $\vec{w}$ und eine Zahl λ die nachfolgenden Rechenregeln:

(i) $\vec{u} \times \vec{v} = -\vec{v} \times \vec{u}$ (ii) $\vec{u} \times (\vec{v} + \vec{w}) = \vec{u} \times \vec{v} + \vec{u} \times \vec{w}$ (iii) $\lambda \cdot (\vec{u} \times \vec{v}) = (\lambda \cdot \vec{u}) \times \vec{v}$

Das Vektorprodukt wird häufig auch Kreuzprodukt genannt. Die Bezeichnung geht auf einen kleinen Trick zurück, mit dem sich das Produkt ganz einfach berechnen lässt. Dazu schreiben wir die Vektoren zweimal untereinander und multiplizieren entlang der eingezeichneten Linien. Das Ergebnis der roten Linie wird dann jeweils von dem Ergebnis der grünen Linie abgezogen.

$$\begin{pmatrix} a_1 \\ a_2 \\ a_3 \\ a_1 \\ a_2 \\ a_3 \end{pmatrix} \begin{pmatrix} b_1 \\ b_2 \\ b_3 \\ b_1 \\ b_2 \\ b_3 \end{pmatrix} \longrightarrow \vec{a} \cdot \vec{b} = \begin{pmatrix} a_1 \\ a_2 \\ a_3 \end{pmatrix} \times \begin{pmatrix} b_1 \\ b_2 \\ b_3 \end{pmatrix} = \begin{pmatrix} a_2 \cdot b_3 - a_3 \cdot b_2 \\ a_3 \cdot b_1 - a_1 \cdot b_3 \\ a_1 \cdot b_2 - a_2 \cdot b_1 \end{pmatrix}$$

$$\begin{pmatrix} -2 \\ 1 \\ 3 \end{pmatrix} \times \begin{pmatrix} 1 \\ -4 \\ 2 \end{pmatrix} = \begin{pmatrix} 1 \cdot 2 - 3 \cdot (-4) \\ 3 \cdot 1 - (-2) \cdot 2 \\ (-2) \cdot (-4) - 1 \cdot 1 \end{pmatrix} = \begin{pmatrix} 14 \\ 7 \\ 7 \end{pmatrix}$$

Auch das Kreuzprodukt hat ein paar Eigenschaften, die wir geometrisch interpretieren können.

- Für zwei Vektoren $\vec{u} \neq 0$ und $\vec{v} \neq 0$ ist der Vektor $\vec{u} \times \vec{v}$ stets orthogonal zu den beiden Vektoren. Die Richtung ergibt sich dabei aus der sogenannten *rechten-Hand-Regel*, d. h. zeigen Daumen und Zeigefinger der rechten Hand in Richtung der Vektoren $\vec{u}$ und $\vec{v}$, so zeigt der Mittelfinger in die Richtung von $\vec{u} \times \vec{v}$.

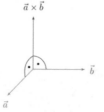

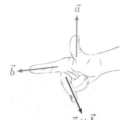

- Der Betrag des Vektors $\vec{u} \times \vec{v}$ entspricht dem Flächeninhalt des von $\vec{u}$ und $\vec{v}$ aufgespannten Parallelogramms:

$$\mathbf{A} = \|\vec{u} \times \vec{v}\| = \|\vec{u}\| \cdot \|\vec{v}\| \cdot \sin(\alpha)$$

Gesucht: Flächeninhalt des Dreiecks mit den Eckpunkten $A(2|-1|3)$, $B(1|1|1)$ und $C(0|0|5)$.

Lösung: Die Fläche des Dreiecks entspricht der Hälfte des von $\overrightarrow{AB}$ und $\overrightarrow{AC}$ aufgespannten Parallelogramms, also gerade

$$A = \frac{1}{2} \cdot \left\| \begin{pmatrix} -1 \\ 2 \\ -2 \end{pmatrix} \times \begin{pmatrix} -2 \\ 1 \\ 2 \end{pmatrix} \right\| = \frac{1}{2} \cdot \left\| \begin{pmatrix} 2 \cdot 2 - (-2) \cdot 1 \\ (-2) \cdot (-2) - (-1) \cdot 2 \\ (-1) \cdot 1 - 2 \cdot (-2) \end{pmatrix} \right\| = \frac{1}{2} \cdot \left\| \begin{pmatrix} 6 \\ 6 \\ 3 \end{pmatrix} \right\| = 4{,}5 .$$

1. Bestimme einen Vektor $\vec{n}$ der zu den beiden angegebenen Vektoren orthogonal ist.

(a) $\vec{u} = \begin{pmatrix} 2 \\ -1 \\ 0 \end{pmatrix}$, $\vec{v} = \begin{pmatrix} 2 \\ 3 \\ -4 \end{pmatrix}$

(b) $\vec{u} = \begin{pmatrix} 1 \\ -2 \\ 5 \end{pmatrix}$, $\vec{v} = \begin{pmatrix} 1 \\ 2 \\ 3 \end{pmatrix}$

2. A ist ein Kantenmittelpunkt des Würfels.

(a) Berechne den Flächeninhalt des Dreiecks Δ ABC.

(b) Ein Punkt P liegt auf der Kante $\overline{DE}$. Welche Koordinaten hat P, wenn das Dreieck Δ APB den Flächeninhalt $2\sqrt{6}$ haben soll?

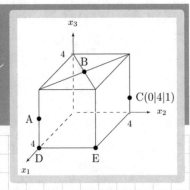

Geraden im Raum

Geometrisch gesehen ist eine **Gerade** eine (unendlich lange) gerade Linie durch den Raum, während sie aus algebraischer Sicht einer Menge von Punkten mit unendlich vielen Elementen entspricht.

Eine Gerade g im $\mathbb{R}^3$ entspricht der Menge aller Punkte deren Ortsvektor $\vec{x}$ durch

$$\vec{x} = \vec{u} + r \cdot \vec{v} , \quad r \in \mathbb{R}.$$

charakterisiert werden kann. Man nennt $\vec{u}$ **Stützvektor**, $\vec{v}$ **Richtungsvektor** und r den **Parameter** der Geraden g.

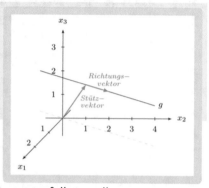

Diese sogenannte **Parameterform einer Geraden** kann man sich wie eine Wegbeschreibung vorstellen. Der Stützvektor $\vec{u}$ gibt an, wie wir vom Koordinatenursprung zur Geraden g gelangen und der Richtungsvektor $\vec{v}$ gibt die Richtung vor, in die wir laufen dürfen, wenn wir nicht von der Geraden herunterfallen wollen.

Aufgabe: Liegen die Punkte $P(1|-2|5), Q(3|2|0)$ und $R(2|3|-1)$ auf einer Geraden?

Lösung: Da eine Gerade bereits durch zwei Punkte eindeutig bestimmt ist, nutzen wir zunächst P und Q, um eine Parameterform der Geraden zu bestimmen. Wir wählen $\overrightarrow{OP}$ als Stützvektor und $\overrightarrow{PQ} = \overrightarrow{OQ} - \overrightarrow{OP}$ als Richtungsvektor:

$$g : \vec{x} = \overrightarrow{OP} + r \cdot \overrightarrow{PQ} = \begin{pmatrix} 1 \\ -2 \\ 5 \end{pmatrix} + r \cdot \left[\begin{pmatrix} 3 \\ 2 \\ 0 \end{pmatrix} - \begin{pmatrix} 1 \\ -2 \\ 5 \end{pmatrix} \right] = \begin{pmatrix} 1 \\ -2 \\ 5 \end{pmatrix} + r \cdot \begin{pmatrix} 2 \\ 4 \\ -5 \end{pmatrix}.$$

Liegt nun R ebenfalls auf der Geraden, so muss sein Ortsvektor $\overrightarrow{OR}$ sich durch die Parameterform der Geraden darstellen lassen, also ein $r \in \mathbb{R}$ existieren, sodass

$$\overrightarrow{OR} = \overrightarrow{OP} + r \cdot \overrightarrow{PQ} \quad \Leftrightarrow \quad \begin{pmatrix} 2 \\ 3 \\ -1 \end{pmatrix} = \begin{pmatrix} 1 \\ -2 \\ 5 \end{pmatrix} + r \cdot \begin{pmatrix} 2 \\ 4 \\ -5 \end{pmatrix}$$

ist. Dieses Gleichungssystem ist aber nicht lösbar, da aus der ersten bzw. zweiten Zeile

$$2 = 1 + 2r \quad \Leftrightarrow \quad r = \frac{1}{2} \quad \text{bzw.} \quad 3 = -2 + 4r \quad \Leftrightarrow \quad r = \frac{4}{5}$$

folgt und somit kein eindeutiges $r \in \mathbb{R}$ existiert.

Zur Bestimmung der gegenseitigen Lage zweier Geraden g und h setzt man die beiden zugehörigen Parameterformen gleich und versucht das entstehende Gleichungssystem zu lösen. Dabei gilt:

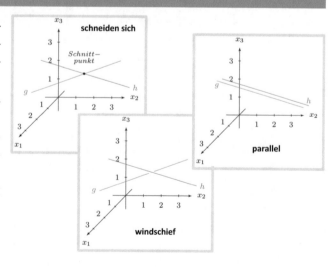

- g und h sind **identisch**, falls unendlich viele Lösungen existieren,
- g und h sind **parallel**, falls keine Lösung existiert und die Richtungsvektoren der beiden Geraden Vielfache voneinander sind,
- g und h **schneiden sich**, falls genau eine Lösung existiert. Den Schnittpunkt erhält man durch Einsetzen der Lösungen in die Parameterform.

Andernfalls heißen die Geraden g und h **windschief**.

1. Während einer Übungsfahrt tritt das U-Boot U-14 am Punkt $P(1200|0|-540)$ in den Überwachungsbereich eines Begleitschiffs ein. Das Schiff ruht im Ursprung eines Koordinatensystems, dessen x_1-Achse nach Süden und die x_2-Achse nach Osten zeigt.

   (a) Der Kapitän des U-Boots teilt mit, dass er Kurs Nordost mit gleichbleibender Tiefe fährt. Bestimme eine Gleichung der Geraden g, die die Fahrt des U-Boots beschreibt.

   (b) U-14 meldet Kontakt zu einem weiteren U-Boot (Koordinaten: $U(1400|1400|-540)$, Fahrtrichtung: Südwest). Vorausgesetzt, beide Schiffe behalten Ihren Kurs bei, wo kreuzen sich dann ihre Wege?

   (c) Am Punkt $R(400|800|-540)$ ändert U-14 seine Fahrtrichtung und fährt in Richtung des Punktes $Z(-400|-500|360)$ weiter. Bestimme, um wieviel Grad sich das Boot bezüglich der horizontalen Ebene gedreht hat.

Ebenen im Raum

Ähnlich zu Geraden, sind **Ebenen**, algebraisch betrachtet, eine Menge unendlich vieler Punkte, die geometrisch interpretiert eine unendlich weite Fläche im Raum charakterisieren.

Parameterform einer Ebene

Eine Ebene E im $\mathbb{R}^3$ entspricht der Menge aller Punkte deren Ortsvektor $\vec{x}$ durch

$$\vec{x} = \vec{u} + r \cdot \vec{v} + s \cdot \vec{w}\ , \quad r, s \in \mathbb{R}$$

charakterisiert werden kann, wobei $\vec{v}$ und $\vec{w}$ keine Vielfachen voneinander sein dürfen. Man nennt $\vec{u}$ **Stützvektor** und $\vec{v}, \vec{w}$ **Richtungsvektoren** der Ebene.

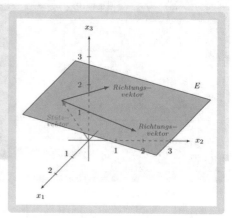

Wie bei einer Geraden zeigt der Stützvektor wieder einen Weg auf die Ebene, und die Richtungsvektoren bestimmen die Richtung, in die wir gehen dürfen, ohne die Ebene zu verlassen.

Die drei Punkte $P(1|-2|5), Q(3|2|0)$ und $R(2|3|-1)$ liegen nicht auf einer Geraden und legen daher bereits eine Ebene eindeutig fest. Wie lautet die Gleichung dieser Ebene?

Lösung: Wir wählen $\overrightarrow{OP}$ als Stützvektor und

$$\overrightarrow{PQ} = \overrightarrow{OQ} - \overrightarrow{OP} \quad \text{sowie} \quad \overrightarrow{PR} = \overrightarrow{OR} - \overrightarrow{OP}$$

als Richtungsvektor:

$$E: \vec{x} = \overrightarrow{OP} + r \cdot \overrightarrow{PQ} + s \cdot \overrightarrow{PR}$$

$$= \begin{pmatrix} 1 \\ -2 \\ 5 \end{pmatrix} + r \cdot \left[\begin{pmatrix} 3 \\ 2 \\ 0 \end{pmatrix} - \begin{pmatrix} 1 \\ -2 \\ 5 \end{pmatrix} \right] + s \cdot \left[\begin{pmatrix} 2 \\ 3 \\ -1 \end{pmatrix} - \begin{pmatrix} 1 \\ -2 \\ 5 \end{pmatrix} \right] = \begin{pmatrix} 1 \\ -2 \\ 5 \end{pmatrix} + r \cdot \begin{pmatrix} 2 \\ 4 \\ -5 \end{pmatrix} + s \cdot \begin{pmatrix} 1 \\ 5 \\ -6 \end{pmatrix}.$$

Neben der Parameterform können wir Ebenen auch in der sogenannten **Normalenform** darstellen.

In Normalenform wird eine Ebene E durch einen **Stützvektor** $\vec{u}$ und einen **Normalenvektor** $\vec{n}$ beschrieben. Die Ebene besteht dann aus allen Punkten, deren Ortsvektoren $\vec{x}$

$$\vec{n} \cdot (\vec{x} - \vec{u}) = 0$$

erfüllen. Der Normalenvektor $\vec{n}$ ist dabei ein Vektor, der senkrecht zur Ebene steht.

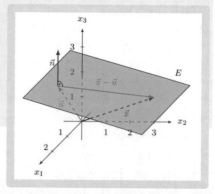

Der Normalenvektor steht senkrecht zur Ebene und damit natürlich insbesondere senkrecht zu den Richtungsvektoren der Ebene. Daher können wir als Normalenvektor das Kreuzprodukt der Richtungsvektoren nutzen.

Mit der Nebenrechnung rechts sieht man schnell, dass wir obige Ebene auch durch

$$E: \begin{pmatrix} 1 \\ 7 \\ 6 \end{pmatrix} \cdot \left[\vec{x} - \begin{pmatrix} 1 \\ -2 \\ 5 \end{pmatrix} \right] = 0$$

darstellen können.

NR.:

$$\begin{pmatrix} 2 \\ 4 \\ -5 \end{pmatrix} \times \begin{pmatrix} 1 \\ 5 \\ -6 \end{pmatrix} = \begin{pmatrix} 1 \\ 7 \\ 6 \end{pmatrix}$$

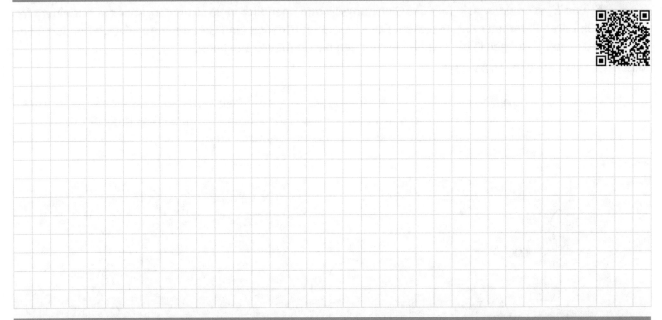

1. Gegeben sind die sich schneidenden Geraden

$$g : \vec{x} = \begin{pmatrix} 1 \\ -3 \\ 2 \end{pmatrix} + r \cdot \begin{pmatrix} 1 \\ 2 \\ -3 \end{pmatrix} \quad und \quad h : \vec{x} = \begin{pmatrix} 1 \\ 4 \\ -4 \end{pmatrix} + r \cdot \begin{pmatrix} 2 \\ -3 \\ 0 \end{pmatrix}.$$

Bestimme eine Gleichung der Ebene E, in der die Gerade g und h liegen

(a) in Parameterform   (b) in Normalenform

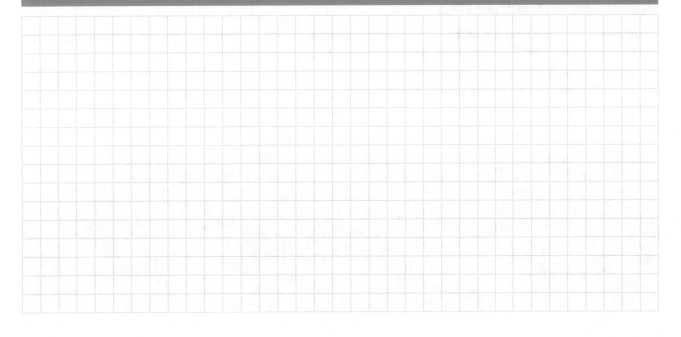

2. Gegeben sind die zueinander windschiefen Geraden

$$g : \vec{x} = \begin{pmatrix} 1 \\ -3 \\ 2 \end{pmatrix} + r \cdot \begin{pmatrix} 1 \\ 2 \\ -3 \end{pmatrix} \quad und \quad h : \vec{x} = \begin{pmatrix} 14 \\ 4 \\ 3 \end{pmatrix} + r \cdot \begin{pmatrix} 2 \\ -3 \\ 0 \end{pmatrix}.$$

Bestimme eine Gleichung der Ebene E in der die Gerade g liegt und die zur Geraden h parallel verläuft.

Lagebeziehung von Ebene und Ebene

Zur Bestimmung der gegenseitigen Lage zweier Ebenen E_1 und E_2 setzt man die beiden zugehörigen Parameterformen gleich und versucht, das entstehende Gleichungssystem zu lösen. Anders als bei Geraden entsteht hier allerdings ein unterbestimmtes Gleichungssystem. Möglich sind:

- E_1 und E_2 sind **identisch**, falls das Gleichungssystem unendlich viele Lösungen mit zwei frei wählbaren Parametern hat.
- E_1 und E_2 **schneiden sich**, falls das Gleichungssystem unendlich viele Lösungen, aber mit nur einem frei wählbaren Parameter hat. In diesem Fall ist die Schnittmenge eine Gerade, deren Gleichung durch Einsetzen der Lösungen in die Ebenengleichungen bestimmt werden kann.

Andernfalls sind die Ebenen **parallel**.

Liegt eine der beiden Ebenen in Normalenform vor, kann man auch einfach die Parameterform der zweiten Ebene in die Normalenform einsetzen und die entstehende Gleichung lösen. Ergibt sich dabei eine wahre Aussage, sind die Ebenen **identisch**; ergibt sich eine Lösung mit einem frei wählbaren Parameter, **schneiden sie sich**. Andernfalls sind die Ebenen **parallel**.

Die beiden Ebenen

$$E_1 : \vec{x} = \begin{pmatrix} 0 \\ 1 \\ 1 \end{pmatrix} + r \cdot \begin{pmatrix} 1 \\ 0 \\ 2 \end{pmatrix} + s \cdot \begin{pmatrix} 0 \\ -1 \\ 0 \end{pmatrix} \quad \text{und} \quad E_2 : \begin{pmatrix} 1 \\ -2 \\ 1 \end{pmatrix} \cdot \left[\vec{x} - \begin{pmatrix} 1 \\ 0 \\ 0 \end{pmatrix} \right] = 0$$

schneiden sich, denn nach Einsetzen von E_1 in E_2 folgt:

$$\begin{pmatrix} 1 \\ -2 \\ 1 \end{pmatrix} \cdot \left[\begin{pmatrix} 0 \\ 1 \\ 1 \end{pmatrix} + r \cdot \begin{pmatrix} 1 \\ 0 \\ 2 \end{pmatrix} + s \cdot \begin{pmatrix} 0 \\ -1 \\ 0 \end{pmatrix} - \begin{pmatrix} 1 \\ 0 \\ 0 \end{pmatrix} \right] = 0 \quad \Leftrightarrow \quad -2 + 3 \cdot r + 2 \cdot s = 0 \quad \Leftrightarrow \quad s = 1 - \frac{3}{2} \cdot r.$$

Setzen wir nun die Lösung in die Parameterform ein, ergibt sich als Schnittgerade g

$$g : \vec{x} = \begin{pmatrix} 0 \\ 1 \\ 1 \end{pmatrix} + r \cdot \begin{pmatrix} 1 \\ 0 \\ 2 \end{pmatrix} + s \cdot \begin{pmatrix} 0 \\ -1 \\ 0 \end{pmatrix} = \begin{pmatrix} 0 \\ 1 \\ 1 \end{pmatrix} + r \cdot \begin{pmatrix} 1 \\ 0 \\ 2 \end{pmatrix} + \left(1 - \frac{3}{2}r\right) \cdot \begin{pmatrix} 0 \\ -1 \\ 0 \end{pmatrix} = \begin{pmatrix} 0 \\ 0 \\ 1 \end{pmatrix} + r \cdot \begin{pmatrix} 1 \\ -1,5 \\ 2 \end{pmatrix}.$$

Lagebeziehung von Gerade und Ebene

Idealerweise liegt die Ebene E in diesem Fall in Normalenform vor. Dann setzen wir die Parameterform der Geraden g in die Ebene E ein und lösen die entstehende Gleichung. Dann gilt:

- g **liegt in** E, falls sich die Gleichung auf eine wahre Aussage reduziert,
- g **liegt parallel zu** E, falls sich die Gleichung auf eine falsche Aussage reduziert.

Andernfalls liefert die Gleichung genau eine Lösung. In diesem Fall **schneidet** die Gerade g die Ebene und wir erhalten den Schnittpunkt durch Einsetzen der Lösung in die Geradengleichung.

Die Gerade g und Ebene E mit

$$g : \vec{x} = \begin{pmatrix} -2 \\ 1 \\ 2 \end{pmatrix} + r \cdot \begin{pmatrix} 1 \\ -1 \\ 2 \end{pmatrix} \quad \text{und} \quad E : \begin{pmatrix} -1 \\ 2 \\ 1 \end{pmatrix} \cdot \left[\vec{x} - \begin{pmatrix} 1 \\ 0 \\ 1 \end{pmatrix} \right] = 0$$

sind parallel, denn nach Einsetzen von g in E folgt:

$$\begin{pmatrix} -1 \\ 2 \\ 1 \end{pmatrix} \cdot \left[\begin{pmatrix} -2 \\ 1 \\ 2 \end{pmatrix} + r \cdot \begin{pmatrix} 1 \\ -1 \\ 2 \end{pmatrix} - \begin{pmatrix} 1 \\ 0 \\ 1 \end{pmatrix} \right] = 0 \quad \Leftrightarrow \quad 6 - 1 \cdot r = 0 \quad \Leftrightarrow \quad 6 = r.$$

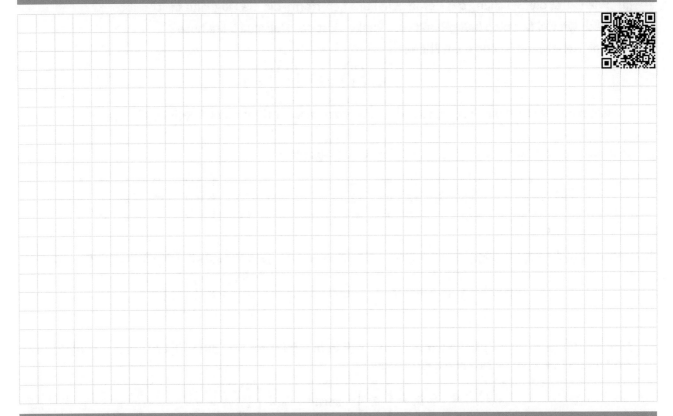

Übungsmix

1. Ein Flugzeug fliegt mit konstanter Geschwindigkeit auf geradem Weg von A(2|4|1) nach B(5|2|2) und benötigt dafür eine Minute (Koordinaten in km).

   (a) Wie lautet die Gleichung der Geraden in Parameterform, die die Flugbahn beschreibt?

   (b) Nach wieviel Minuten (ausgehend vom Punkt A) ist das Flugzeug 5 km hoch?

   (c) Eine Nebelwand ist durch die Ebene

   $$E : \begin{pmatrix} 0 \\ 1 \\ 2 \end{pmatrix} \cdot \left[\vec{x} - \begin{pmatrix} 1 \\ 0 \\ 4 \end{pmatrix} \right] = 0$$

   gegeben. Wo trifft das Flugzeug auf die Nebelwand bzw. trifft es diese überhaupt?

2. Löse die linearen Gleichungssysteme mit dem Gauß-Algorithmus:

   $$(a) \quad \begin{aligned} 2x &+ 10y &- 5z &= -1 \\ 10x &- 30y &+ 3z &= -1 \\ -4x &+ 15y &- 2z &= 1 \end{aligned} \qquad (b) \quad \begin{aligned} x &+ y &+ z &= 1 \\ 17x &+ y &- 7z &= 9 \\ 4x &+ 2y &+ z &= 3 \end{aligned}$$

3. Untersuche die gegenseitige Lage der beiden Geraden und gib gegebenenfalls ihren Schnittpunkt an.

   $$g : \vec{x} = \begin{pmatrix} 0 \\ 8 \\ -7 \end{pmatrix} + r \cdot \begin{pmatrix} 1 \\ 2 \\ -2 \end{pmatrix} \quad \text{und} \quad h : \vec{x} = \begin{pmatrix} -9 \\ 0 \\ 7 \end{pmatrix} + r \cdot \begin{pmatrix} 3 \\ 1 \\ -4 \end{pmatrix}$$

4. Zwei Flugzeuge F_1 und F_2 befinden sich bei $t = 0$ in den Punkten $P_1(130|130|120)$ und $P_2(70|155|35)$. Pro Minute bewegen sie sich in die Richtungen

   $$\vec{v}_1 = \begin{pmatrix} 3 \\ 2 \\ -1 \end{pmatrix} \quad \text{sowie} \quad \vec{v}_2 = \begin{pmatrix} 4 \\ 1 \\ 1 \end{pmatrix}.$$

   Zeige, dass sich die Flugbahnen kreuzen, es aber dennoch zu keinem Zusammenstoß kommt.

5. In der Nacht beobachten zwei Observatorien unabhängig einen Meteoriten am Himmel. Seine Feuerspur beginnt irgendwo hoch in der Atmosphäre und endet beim Eintritt in die dichtere, untere Atmosphäre. Die Astronomen bezeichnen diese wesentlichen Punkte der Bahn eines Meteors mit *„Upper Event (U)"* und *„Lower Event (L)"*.

   Beide Observatorien können jeweils nur die Richtung angeben, in der sie die Ereignisse U und L sehen. Wenn sie sich über diese Punkte verständigen, so geben sie jeweils einen Vektor an, der von ihrer Position zum Ereignispunkt zeigt. Die Koordinaten werden dabei bzgl. Koordinatensystemen angegeben, deren Koordinatenachsen in Ostrichtung, in Nordrichtung und senkrecht nach oben zeigen. In westlicher Richtung liegen die beiden Observatorien fünf Kilometer und in nördlicher Richtung drei Kilometer voneinander entfernt.

   Für den Meteoriten ermitteln die beiden Astronomen in ihren Koordinatensystemen die Vektoren:

Observatorium 1	Observatorium 2

   $$\vec{v}_U = \begin{pmatrix} -2 \\ 1{,}8 \\ 8 \end{pmatrix} \quad \text{sowie} \quad \vec{v}_L = \begin{pmatrix} -1 \\ 5 \\ 8 \end{pmatrix} \qquad\qquad \vec{v}_U = \begin{pmatrix} -1 \\ 1{,}2 \\ 8 \end{pmatrix} \quad \text{sowie} \quad \vec{v}_L = \begin{pmatrix} 2 \\ 1 \\ 4 \end{pmatrix}$$

   (a) Ausgehend von der Annahme, dass der Erdboden eine Ebene ist, bestimme die Koordinaten des Aufschlagspunktes des Meteors und den Winkel unter dem der Meteorit einschlägt.

   (b) Für welches Observatorium liegt der Aufschlagspunkt näher?

Die Situation klären

Es mag banal klingen, aber als ersten Schritt zur Lösung einer Aufgabe sollte man zunächst einmal klären, was gesucht wird und welche Informationen gegeben sind. Je nach Aufgabe kann das mitunter allerdings schwierig werden, denn hinter diesen beiden simplen Fragen verbirgt sich bereits häufig ein komplexer Prozess. Betrachten wir dazu als einfaches Beispiel die Aufgabe 1 von Seite 19:

Berechne die Prozentwerte.					
Grundwert (G)	140	56	655	19	0,96
Prozentsatz (p)	65 %	37,5 %	120%	55 %	75 %
Prozentwert (W)					

Bei dieser Aufgabe ist sofort klar, dass jeweils **der Prozentwert gesucht wird** und Grundwert sowie Prozentsatz gegeben sind. Es sind sogar die entsprechenden Variablen der Standardformel für die Prozentrechnung angegeben. Werfen wir aber einen Blick in die nachfolgende Aufgabe, wird es schon schwieriger.

> Ein Cocktailglas hat ein maximales Fassungsvermögen von 400 ml. Es ist zu 75 % mit einem Cocktail gefüllt. Wie viel Milliliter befinden sich in dem Glas?

Es steht hier zwar sehr deutlich, dass die **Flüssigkeitsmenge (in ml) im Glas gesucht wird** und das Fassungsvermögen (400 ml) sowie Füllmenge (75 %) gegeben sind, aber anders als im ersten Beispiel treten hier, bis auf das „%", keine mathematischen Begriffe oder Bezeichnungen auf. Da es um Anteile geht (oder spätestens wegen des „%") ist zwar klar, dass wir uns hier wohl in der Prozentrechnung bewegen, aber jetzt müssen wir eben das von uns identifizierte „Gesuchte" und „Gegebene" mit den mathematischen Größen aus der Prozentrechnung (also **Grundwert, Prozentwert und Prozentsatz**) identifizieren.

> Zur Lösung einer Aufgabe müssen als erster Schritt die beiden Fragen
> - *Was genau soll getan werden? Was ist gesucht?*
> - *Welche Infos hab' ich eigentlich? Was ist gegeben?*
>
> beantwortet werden. Die Antwort muss dabei auf zwei Ebenen erfolgen; zunächst einmal im Kontext der Aufgabe und anschließend übersetzt in den zugehörigen mathematischen Kontext.

Da der **Prozentsatz p** immer ein „%" trägt, ist sofort klar, dass $p = 75$ % und aus der Definition des **Prozentwerts W** (Absolutwert, der dem Prozentsatz entspricht) folgt ebenso schnell, dass W **gesucht wird**. Somit muss das Volumen des Glases der **Grundwert G** sein, also $G = 400$ **ml**. Wie das nächste Beispiel zeigt, kann das vermeintlich Offensichtliche aber auch täuschen.

> Nach Abzug von 10% Rabatt kostet eine Waschmaschine noch 1.255 €. Welchen Preis hatte die Maschine ursprünglich?

Erneut könnte man nun auf die Idee kommen, dass die 10 % dem **Prozentsatz** entsprechen, also $p = 10$ % ist. Dann tritt allerdings das Problem auf, dass sowohl **Prozentwert** (die Ersparnis in Euro ist nicht angegeben) als auch **Grundwert** (das ist nach Definition gerade der ursprüngliche Preis der Waschmaschine) unbekannt sind, dafür aber der verbliebene Preis von 1.255 € noch nicht interpretiert wurde. Zur Lösung der Aufgabe müsste aber einer von beiden bekannt sein. Wir müssen also anders vorgehen. Da wir den **Grundwert** ja schon identifiziert haben, bleibt uns eigentlich nur, die 1.255 € als **Prozentwert** zu interpretieren. Da die Waschmaschine um 10 % reduziert wurde, entsprechen die 1.255 € gerade 90 % des ursprünglichen Preises und wir haben zu unserem Prozentwert auch den passenden Prozentsatz gefunden.

Bestimme für nachfolgende Aufgaben jeweils das „Gesuchte" und das „Gegebene" im Sachkontext der Aufgabe und im Kontext des mathematischen Hintergrunds.

1. Auf einem See kreuzen sich die Routen zweier Fähren F_1 und F_2. Die Fähre F_1 fährt in 40 min mit konstanter Geschwindigkeit geradlinig von A(16|4) nach B(12|20). Die Fähre F_2 fährt mit konstanter Geschwindigkeit von 25 km/h geradlinig von C(4|0) aus in Richtung D(8|3).

   (a) Wo befindet sich die Fähre F_1 eine halbe Stunde nach Verlassen des Ortes A?

   (b) Beide Fähren verlassen gleichzeitig die Orte A und C. Wie viele Minuten nach Abfahrt kommen sich die beiden Fähren am nächsten? Wie weit sind sie dann voneinander entfernt?

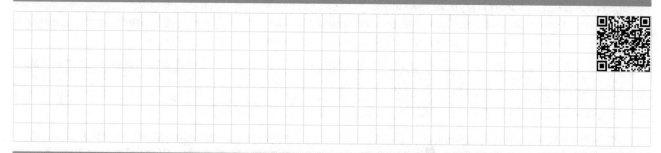

2. Eine Kundin kauft in einem Sportgeschäft einen Heimtrainer zum Preis von 399,50 €. Als Mitglied eines Sportvereins bekommt sie eine Ermäßigung und zahlt nur 367,54 €. Wieviel % hat sie durch ihre Mitgliedschaft gespart?

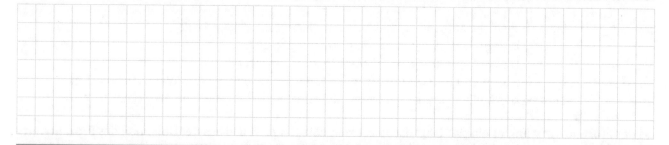

3. In einem Betrieb stehen zwei Kupferlegierungen zur Verfügung. Wenn man sie im Verhältnis 1:2 zusammenschmilzt, hat das Gemisch einen Kupferanteil von 70 %; mischt man sie im Verhältnis 3:2, so erhält man ein Gemisch mit 78 % Kupferanteil. Wie hoch ist der Kupferanteil in den beiden Legierungen?

Eine Skizze erstellen

Ein anderes, häufig sehr hilfreiches, Mittel ist die **Skizze**. Gerade bei geometrischen Aufgaben ist eine **Skizze** ungemein wertvoll, aber auch in anderen Bereichen kann sie zum Verständnis der Aufgabe beitragen.

Aufgabe: Konstruiere ein Trapez ABCD in dem die Strecken $\overline{AD}$ und $\overline{BC}$ parallel sind und folgende Längen und Winkel bekannt sind: $\alpha = 90°$, $\overline{AB} = 2{,}5$ cm, $\overline{AD} = 4{,}0$ cm, $\overline{AC} = 6{,}5$ cm

Eine passende Skizze könnte zum Beispiel so aussehen (wie rechts abgebildet). Entscheidend ist, dass alle Informationen in der Skizze korrekt umgesetzt wurden, d. h. die Seiten $\overline{AD}$ und $\overline{BC}$ wirklich parallel sind und bei A ein rechter Winkel auftritt.

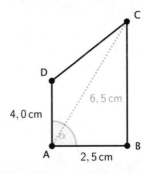

 Beim Erstellen einer Skizze **geht es nicht darum die gegebene Situation exakt darzustellen. Eine Skizze sollte nur die wesentlichen Informationen widerspiegeln**. Das bedeutet, dass Maßstäblichkeit in der Regel keine Rolle spielt, wohl aber Bezeichnungen, Lagebeziehungen und auch die Sichtbarkeit von Objekten.

Wirft man einem Hund einen Stock ins Wasser, den er apportieren soll, beobachtet man, dass er vom Startpunkt A aus zunächst ein Stück am Ufer entlang bis zu einem Punkt W läuft, von wo aus er zum Stock bei B schwimmt, um ihn aufzunehmen.

Gehen wir davon aus, dass der Hund an Land $v_L = 10\ m/s$ schafft und im Wasser nur mit $v_W = 2\ m/s$ unterwegs ist. An welcher Stelle muss der Hund dann ins Wasser springen, wenn er den Stock schnellstmöglich erreichen will und dieser von A aus $\overline{AB} = 20\ m$ entfernt schwimmt.

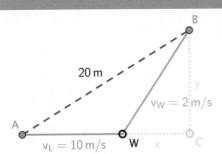

Entscheidend ist hier, dass der Punkt W irgendwo am Ufer liegt, die Entfernung zwischen A und B gerade 20 m beträgt und die Geschwindigkeiten die unser Hund an Land und im Wasser erreicht. Bedenkt man, dass zur Lösung der Aufgabe wohl außerdem noch die Entfernungen $x = \overline{AW}$ und $y = \overline{WC}$ eine Rolle spielen, könnte eine Skizze wie die Abbildung links aussehen.

 Eine Skizze sollte die in der Aufgabe gegebene Situation immer so einfach wie möglich darstellen. Das bedeutet auch, dass man, wenn möglich, die „Dimension reduzieren" sollte. Häufig ist ein „Querschnitt" oder eine „Draufsicht" übersichtlicher als die „volle Darstellung".

Aufgabe: Bestimme den Schnittwinkel zwischen den beiden Ebenen E_1 und E_2.

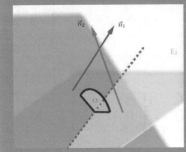

Während die volle dreidimensionale Darstellung (links) eher unübersichtlich ist, liefert eine Draufsicht von der Seite (rechts) ein sehr detailliertes Bild der Situation.

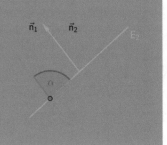

Erstelle zu nachfolgenden Aufgaben jeweils eine Skizze.

1. Um die Breite eines Flusses zu bestimmen, hat man an einem Ufer eine Strecke von $\overline{AB} = 80\,m$ abgesteckt. Am anderen Ufer gibt es gegenüber von B einen Punkt C. Als Winkel zwischen AB und AC wird $\alpha = 38°$ gemessen. Berechne die Breite des Flusses.

2. Ein Reststück Pappe hat die Form einer Normalparabel. Vom Scheitelpunkt bis zur Kante sind es 25 cm. Aus dem Reststück soll ein rechteckiges Stück mit möglichst großer Fläche geschnitten werden. Wie lauten die Maße der zu schneidenden Fläche?

3. Zwei Kreise schneiden sich in den Punkten A(10|10) und B(10|4). Der Mittelpunkt des einen Kreises liegt auf der Geraden $g : y = 3{,}5x - 35$ und der zweite Mittelpunkt liegt auf der Geraden h. Die drei Geraden g , h und AB schneiden sich im Punkt P wobei sie einen Winkel von 45 Grad einschließen. Bestimme die beiden Kreisgleichungen.

Vermuten und Anpassen

Eine der größten Hürden beim Lösen mathematischer Probleme ist die eigene Unsicherheit. Gerade bei komplexeren Aufgaben fragt man sich bei der Bearbeitung häufiger: „Kann das richtig sein? Ist das überhaupt die richtige Idee?"

Grundsätzlich sollte man der eigenen Idee solange treu bleiben, bis man entweder zur Lösung oder zu einem größeren Problem gelangt. Dann können einfache Kontrollmechanismen helfen:

- **Passung:** Ist das Ergebnis von der richtigen Bauart?
  (Die Ableitung eines Polynoms sollte ein kleineres Polynom sein...)
- **Plausibilität:** Haben die Ergebnisse die richtige Größenordnung?
  (Autos fahren nicht mit Schallgeschwindigkeit ...)
- **Dimensionsanalyse:** Trägt ein Ergebnis die richtige Einheit?
  (Flächen werden nicht in m gemessen ...)
- **Erfahrung:** Wie geht man beim Lösen ähnlicher Aufgaben vor?
  (Quadratische Gleichungen lassen sich mit der p-q-Formel lösen ...)

und nicht zuletzt natürlich die **Probe**, die wir bereits in Kapitel 5 kennengelernt haben

Aufgabe: Bestimme a so, dass die Funktion $f(x) = x^2 - 2x + 9 - a$ keine Nullstellen hat.

Lösung: Eine Idee ist der Versuch, die Nullstellen einfach mal auszurechnen und zu schauen, was dabei passiert. Mit der p-q-Formel folgt sofort: $x_{1/2} = 1 \pm \sqrt{(-1)^2 - (9 - a)}$
Man sieht, dass es zwar Nullstellen gibt, aber nur, wenn der Term unter der Wurzel nicht negativ ist. Sonst kann man die Lösung nämlich gar nicht berechnen. Zur Lösung der Aufgabe muss also $0 > (-1)^2 - (9 - a) = a - 8$ und somit $a < 8$ sein.

Bleiben die Ideen aus, kann auch die **Trial-and-Error**-Methode zum Erfolg führen. Dabei versuchen wir es einfach mal mit einem zulässigen Lösungsweg und schauen, wie weit wir damit kommen.

Aufgabe: Bestimme eine Stammfunktion zu $f(x) = e^{-2x+3}$.

Lösung: Aus Erfahrung wissen wir bereits, dass sich beim Ableiten einer Exponentialfunktion die Funktion reproduziert, also die Stammfunktion auch wieder die Exponentialfunktion enthalten muss: $F(x) \sim e^{-2x+3}$
Die einfachste Idee ist jetzt natürlich, dass wir damit die Stammfunktion bereits gefunden haben, also $F(x) = e^{-2x+3}$ ist. Aber stimmt das? Testen wir es doch einfach und bilden die Ableitung. Die Kettenregel liefert: $F'(x) = e^{-2x+3} \cdot (-2) = -2 \cdot f(x)$
Unsere Idee ist somit nicht ganz korrekt, denn beim Ableiten erhalten wir gerade einen Faktor -2 zu viel. Hier hilft aber erneut unsere Erfahrung. Wir wissen ja, dass beim Ableiten die Faktorregel gilt, und multiplizieren wir die Ableitung von F mit $-1/2$, eliminieren wir den überschüssigen Faktor.
Warum also versuchen wir nicht einfach: $F(x) = -\frac{1}{2} \cdot e^{-2x+3}$
Dann folgt tatsächlich: $F'(x) = -\frac{1}{2} \cdot e^{-2x+3} \cdot (-2) = e^{-2x+3} = f(x)$,
und wir haben eine Stammfunktion gefunden.

Starte mit einfachen Beispielen

Ein elementares Hilfsmittel bei der Bearbeitung von Problemen ist die Reduktion auf das einfachstmögliche Beispiel. Gerade bei Konstruktionsaufgaben ist diese Strategie sehr zu empfehlen.

Aufgabe: Bestimme eine Funktion f mit $\int_{-1}^{3} f(x)\, dx = 0$ und $f \neq 0$.

Lösung: Natürlich genügt es zur Lösung der Aufgabe, irgendeine Funktion zu bestimmen. Aber warum starten wir nicht mit einfachen Funktionen wie Polynomen oder, noch einfacher, konstanten Funktionen. Die einfachste Funktion wäre dann wohl die Nullfunktion, also $f(x) = 0$, aber diese ist ja leider nicht erlaubt.

Versuchen wir also, eine andere Funktion zu finden. Das Integral entspricht ja gerade der Fläche, die die Funktion f mit der x-Achse einschließt. Bei einer konstanten Funktion ist das aber gerade der Flächeninhalt eines Rechtecks, der nun mal leider nicht null ist. Also sind die konstanten Funktionen raus.

Die nächsteinfacheren Funktionen sind gerade lineare Funktionen, also $f(x) = ax + b$. Wir haben in Kapitel 11 bei der Integralrechnung bereits gesehen, dass Flächen unter der x-Achse negativ gewertet werden. Wir müssen also unsere lineare Funktion so positionieren, dass sie genau in der Mitte des Integrationsbereichs eine Nullstelle hat, denn dann sind die Flächen links und rechts der Nullstelle genau gleich groß, haben aber entgegengesetzte Vorzeichen. Versuchen wir also $f(x) = x - 1$ und tatsächlich folgt:

$$\int_{-1}^{3} f(x)\, dx = \int_{-1}^{3} x - 1\, dx = \left[\frac{1}{2}x^2 - x\right]_{-1}^{3} = \frac{9}{2} - 3 - \left(\frac{1}{2} + 1\right) = 0.$$

Bei der Lösung mathematischer Probleme kann man das Problem zunächst auf einfache Beispiele reduzieren und diese lösen. Häufig erkennt man dabei bereits die Schwierigkeiten, die sich in dem ursprünglichen Problem verbergen.

Fang hinten an

Manchmal kann es auch sinnvoll sein, am Ende anzufangen und „zurück" zu rechnen.

Aufgabe: Zeige, dass $F(x) = x \cdot e^{-2x+1}$ eine Stammfunktion zu $f(x) = -(2x - 1) \cdot e^{-2x+1}$ ist.

Lösung: Für die direkte Lösung würden wir die Funktion f integrieren, also

$$\int f(x)\, dx = -\int (2x - 1) \cdot e^{-2x+1}\, dx$$

berechnen. Das ist allerdings nicht ganz einfach, denn schließlich steht im Integral ein Produkt von zwei Funktionen. Wir müssten also partiell integrieren. Stattdessen können wir F auch einfach ableiten. Mit Produkt- und Kettenregel folgt dann:

$$F'(x) = 1 \cdot e^{-2x+1} + x \cdot e^{-2x+1} \cdot (-2) = e^{-2x+1} \cdot (1 - 2x) = -(2x - 1) \cdot e^{-2x+1},$$

also $F' = f$ und damit die Behauptung.

Übungsmix – Beispiele für komplexe Anwendungsaufgaben

Bei den folgenden Aufgaben handelt es sich um komplexe Anwendungsaufgaben, die so im ersten Semester in den Natur- oder Ingenieurwissenschaften gestellt werden. Auch bei der Aus- oder Weiterbildung für technische Berufe müssen solche Anforderungen bewältigt werden. Versuche, zumindest zwei der vier Aufgaben zu bearbeiten. Bei den Aufgaben 3. und 4. musst du dich ggf. kurz in den technischen Hintergrund einarbeiten.

1. In eine Parabel mit der Gleichung $f(x) = a \cdot x^2$, $a > 0$, fallen zur y-Achse parallele Strahlen von oben (d. h. entgegen der y-Richtung) ein. Zeige, dass alle Strahlen so reflektiert werden, dass sie sich in einem Punkt treffen und gib die Koordinaten des Punktes an.

2. Zwei Eishockeyspieler spielen sich einen Puck über die Bande zu. Der Abstand von Spieler A zur Bande beträgt 3,2 m und der Abstand von Spieler B zur Bande beträgt 4,9 m. Damit der Puck genau bei Spieler B ankommt, muss Spieler A die Bande unter einem Winkel von 39° treffen. Wie weit stehen die beiden Spieler auseinander?

3. In der Abbildung wird der Kurbelbetrieb eines Automotors schematisch dargestellt. Der Pleuel überträgt die Kraft des Kolbens auf die Kurbelwelle und wandelt so die geradlinige Bewegung des Kolbens in eine Drehbewegung der Kurbelwelle um.

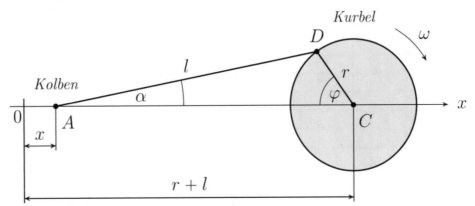

Die Kurbelwelle hat den Radius $r = 39$ mm, die Pleuelstange die Länge $l = 150,4$ mm. Die Winkelgeschwindigkeit der Drehung der Kurbelwelle beträgt $\omega = 18849,5 \, \frac{1}{s}$.

(a) Bestimme und skizziere den zeitlichen Verlauf des Kolbenweges x. (Bestimme dafür zunächst die Tangente von $f(z) = \sqrt{1 - z}$ im Entwicklungspunkt $a = 0$.).

(b) Bestimme und skizziere den zeitlichen Verlauf der Kolbengeschwindigkeit $v = x'$ und der Kolbenbeschleunigung $a = v'$ bei gleichmäßiger Drehung der Kurbel (konstanter Winkelgeschwindigkeit $\omega = \frac{\varphi}{t}$).

4. Eine viereckige Netzmasche enthält die ohmschen Widerstände $R_1 = 3\,\Omega$, $R_2 = 4\,\Omega$, $R_3 = 5\,\Omega$ und $R_4 = 1\,\Omega$ sowie eine Spannungsquelle mit der Quellspannung $U_q = 22$ V.
Die in den Knotenpunkten A und B zufließenden Ströme betragen $I_A = 2$ A und $I_B = 1$ A, der im Knotenpunkt C abfließende Strom $I_C = 1$ A.
Berechne die vier Zweigströme I_1, I_2, I_3 und I_4 unter den Voraussetzungen, dass $U = R \cdot I$ und dass die Gesamtspannung in der Masche gerade verschwindet.

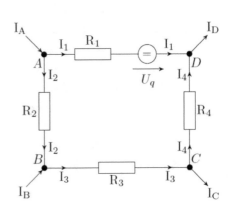

Printed in the United States
By Bookmasters